U0725383

高等职业教育电子与信息大类专业系列教材

人工智能通识

张艺耀　黄　秀　主　编

燕孝飞　李庆华　郭文娟　副主编

郑　飞　主　审

中国城市出版社

图书在版编目（CIP）数据

人工智能通识 / 张艺耀，黄秀主编 ；燕孝飞等副主编 . -- 北京 ：中国城市出版社，2025. 8. --（高等职业教育电子与信息大类专业系列教材）. -- ISBN 978-7-5074-3834-5

Ⅰ. TP18

中国国家版本馆 CIP 数据核字第 2025EM9446 号

本教材是一部面向职业院校、高等院校各专业大学生的人工智能通识教材，旨在系统、通俗地揭开人工智能的神秘面纱。本书致力于帮助读者建立对 AI 的全面认知，理解其核心原理、发展脉络与关键技术，培养在智能时代下的必备素养。

本教材分为三大部分：第一部分"人工智能基础"系统梳理了 AI 的定义、发展历程、核心要素，并深入浅出地介绍了机器学习、深度学习、数据与算力等技术引擎。第二部分"人工智能应用"广泛探讨了 AI 在医疗、交通、制造、农业、教育等关键行业的赋能实践，并特别聚焦于生成式 AI（AIGC）的创新应用与影响。第三部分"人工智能未来"则前瞻性地分析了 AI 的无限潜能、带来的职业变革与挑战，并着重探讨了人工智能伦理与社会责任。

为更好地支持本课程的教学，我们向使用本书的教师免费提供教学课件，有需要者请与出版社联系，索要方式为：1. 邮箱 jckj@cabp.com.cn；2. 电话（010）58337285；3. 建工书院 http://edu.cabplink.com。

责任编辑：刘平平　李　阳
责任校对：张惠雯

高等职业教育电子与信息大类专业系列教材

人工智能通识

张艺耀　黄　秀　主　编
燕孝飞　李庆华　郭文娟　副主编
郑　飞　主　审

*

中国城市出版社出版、发行（北京海淀三里河路9号）
各地新华书店、建筑书店经销
北京光大印艺文化发展有限公司制版
建工社（河北）印刷有限公司印刷

*

开本：787毫米×1092毫米　1/16　印张：12½　字数：256千字
2025年9月第一版　　2025年9月第一次印刷
定价：**42.00**元（赠教师课件）
ISBN 978-7-5074-3834-5
（904860）

我们正处于以人工智能为核心驱动力的第四次工业革命之中。从人工智能围棋程序 AlphaGo 战胜世界冠军柯洁，到如今各类大型语言模型（如 DeepSeek、文心一言等）展现出惊人的对话交流、内容创作和编程能力，AI 的发展速度与影响深度，已远超历史上的任何一次技术变革。它不仅重塑了各行各业的生产方式和商业模式，也悄然改变着社会运作机制与个体的生活逻辑。

作为即将步入社会舞台中心的大学生，无论你未来从事何种专业，或将投身何种职业领域，理解人工智能、具备与 AI 协同工作的能力都是必不可少的核心素养。这是你们面向未来发展的关键能力，也是把握智能化时代机遇的重要之本。

本教材的编写初衷，并非是要将每位读者培养成 AI 算法工程师或顶尖科学家，而是旨在为所有专业的大学生提供一个兼具全面性、通俗性与前沿性的人工智能通识教育平台。我们深知，未来社会的发展亟需大批既能运用 AI 技术、又能从人文、伦理与法律等多维角度思考其影响的跨学科复合型人才。

为此，本教材系统构建了三大核心模块：

第一部分：人工智能基础。这是认识 AI 的起点。我们将从"初识人工智能"（第 1 章）开始，带领大家理解 AI 的基本定义、主要类别，认识其"思考"和"学习"的原理机制，回顾其发展历程，并阐释推动 AI 跨越发展的三大核心要素——数据、算法与算力。随后，在"人工智能背后的技术引擎"（第 2 章）中，我们将深入解析机器学习、深度学习、神经网络等工作机制，并说明数据、硬件与软件架构在 AI 系统中的关键作用。我们的目标是以最通俗易懂的方式，让同学们理解 AI 的"智能发动机"是如何运转的。

第二部分：人工智能应用。在掌握 AI 基础知识之后，本部分将引导你深入了解 AI 在现实中的广泛应用。我们将探讨 AI 在医疗、交通、制造、农业、教育等重点行业的典型应用（第 3 章），分析其如何解决行业难题、提升运营效率、创造新的价值。

特别地，我们设立独立章节（第4章），聚焦当今炙手可热的生成式人工智能（AIGC），解析其文本、图像、音视频乃至代码生成的技术机制，深入探讨其能力强大的原因所在。

第三部分：人工智能未来。展望未来，AI的发展充满无限可能，但也带来多维度的深远议题。在第5章"人工智能的无限潜能"将探讨AI如何推动智能生产力变革、描绘未来智慧生活图景、甚至重塑教育理念，也引导大家理性思考其双面性影响。在第6章"走进AI职场"部分，我们将为同学们提供实用的职业指导，帮助大家深入理解AI技术本质，梳理AI浪潮下的职业发展机遇，构建面向未来的职场能力矩阵。最后，在第7章"人工智能伦理与责任"中，我们将系统探讨AI发展所带来的伦理问题，分析算法偏见、数据隐私及责任归属的挑战，介绍现有的治理思路和监管框架，强调AI伦理教育对未来从业者的重要意义，引导大家在智能时代中成为有责任感的建设者和参与者。

本教材是由枣庄科技职业学院、枣庄学院与山东奇妙智能科技有限公司校企合作共同编写完成，主编为张艺耀、黄秀，副主编为燕孝飞、李庆华、郭文娟，主审为郑飞。参与编写的团队成员还有黄海杰、李雪琪、胡向颖、吴凡、颜实、刘志、何裕友。

在编写过程中，参考和引用了大量专业文献与资料，因篇幅限制未一一标注出处，在此谨向相关作者和技术提供方深表感谢。同时也向所有支持本教材编写工作的同仁与组织表达诚挚谢意。由于编者水平有限，书中难免存在不足或疏漏，恳请读者批评指正。

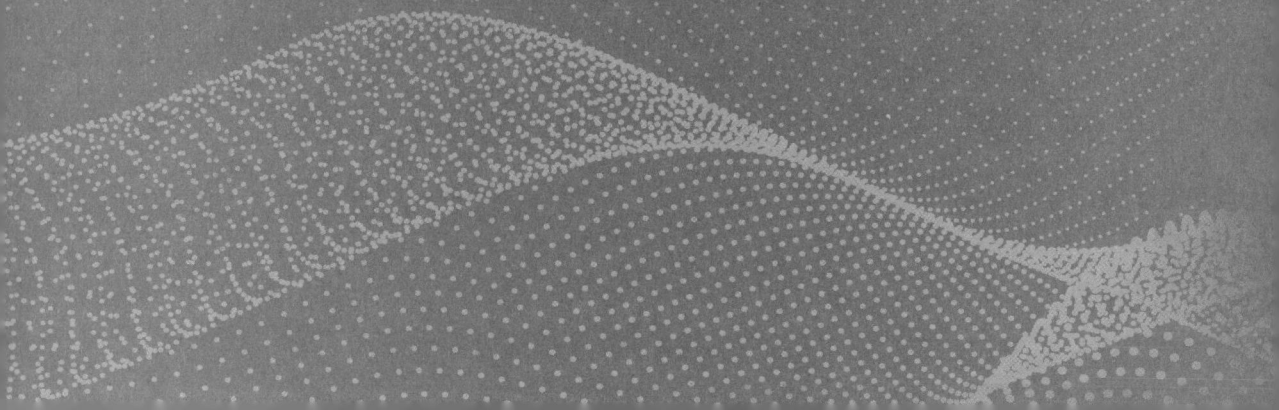

目录

第一篇

人工智能基础

AI

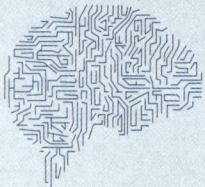

1 初识人工智能

知识目标：

◎ 理解 AI 基本定义及核心思想（模仿人类智能）。

◎ 识别并列举多个日常 AI 应用实例及其功能。

◎ 了解 AI 依赖数据学习及展现"超能力"的特点。

◎ 初步区分 AI 与传统程序的学习与适应性差异。

能力目标：

◎ 能用自己语言描述身边 AI 应用的功能和体验。

◎ 能通过体验反思 AI 的便利与潜在局限。

◎ 能初步辨别 AI 相关信息的真伪与夸大。

◎ 能参与讨论，表达对 AI 作为"伙伴"的看法。

素质目标：

◎ 激发对 AI 的好奇心与探索欲。

◎ 树立对 AI 的理性认知，视其为"伙伴"而非威胁。

◎ 初步萌发对 AI 伦理（如隐私、偏见）的关注。

◎ 培养积极拥抱技术变革、认识 AI 价值的态度。

学习导言

当你拿起智能手机，对着它说一声"小爱同学"或者"嘿 Siri"，它立刻就能为你播放音乐、查询天气、设置闹钟。当你打开购物 App，它总能精准地推荐你可能喜欢的商品；刷短视频时，你仿佛进入了一个为你量身定做的内容世界。甚至当你掏出手机支付时，只需"刷脸"就能完成交易，而这背后，你的手机、App、支付系统，都在默默地运用着一个时髦又强大的技术——人工智能（Artificial Intelligence），简称 AI。

人工智能这个词听起来可能很高大上，甚至有些科幻色彩，你或许在电影里看到过拥有自我意识的机器人，或者能像人一样对话、思考的电脑。但请相信，AI 并非遥不可及的未来概念，它早已像水电一样，渗透到我们生活的方方面面，成为我们身边无处不在的"超能力"伙伴。

作为一名大学生，你们即将步入更深入的专业学习，未来的职业生涯也将在一个与 AI 紧密相连的世界里展开。了解人工智能，就像了解电力、网络一样，是理解现代社会和面向未来的基础。

那么，人工智能到底是什么？它为什么发展得这么快？它在我们身边有哪些实际应用？它经历了怎样的发展历程？未来的 AI 又会是什么样子？以及作为中国的新一代，我们国家的 AI 发展又有哪些亮点？

在这章中，我们将一起轻松地揭开人工智能的神秘面纱，带大家认识这个既古老又年轻、既充满挑战又潜力无限的领域。准备好了吗？让我们一起开启这场 AI 探索之旅！

1.1 揭开 AI 的神秘面纱

扫码看微课
对应视频：1.1 揭开 AI 的神秘面纱

1.1.1 让机器拥有"类人"的能力

想象一下，如果一个机器能看、能听、能理解你说的话，能学习新的知识和技能，能在复杂的情况下做出判断和决定，甚至能创造出新的东西，那它是不是就有点像"人"了？人工智能，简单来说，就是研究如何让机器拥有或模拟人类的智能活动的技术和学科。

这里的"智能活动"包括很多方面：

◎ **感知**：通过摄像头"看"世界（计算机视觉）、通过麦克风"听"声音（语音识别）。

◎ **理解**：理解人类的语言文字（自然语言处理）、理解图像和声音的含义。

◎ **学习**：从数据和经验中自我提升，改进性能。

◎ **推理**：根据已知信息进行逻辑推导。

◎ **决策**：在多种可能性中选择最优方案。

◎ **行动**：控制机器臂、机器人完成物理任务。

所以，AI 不是一个单一的技术，而是一个庞大的技术体系集合，目标是让机器具备执行通常需要人类智能才能完成的任务的能力。

或许你会问，这和我们以前学的自动化、计算机编程有什么区别？区别在于，传统的自动化和编程是告诉机器"一步一步怎么做"，每一步都必须精确地写好指令。而人工智能，特别是现代 AI，是让机器通过"学习"来自己找到完成任务的方法。你不需要写下所有可能性下的指令，你只需要提供数据和规则，让机器自己去"悟"，去发现数据背后的规律。

我们可以把 AI 想象成一个拥有特殊天赋的"学徒"或"专家助手"。你给它大量的训练材料（数据），它就能从中学习、掌握某项技能，然后在你需要的时候，像一个专家一样去帮你完成这项工作。比如，给 AI 看几万张猫和狗的照片，它就能学会区分猫和狗；给它听大量人类对话，它就能学会理解并回应你的语音指令。它学得越多，在特定任务上可能比人类做得更快、更准。

传统的洗衣服机器，你需要手动选择洗衣模式、水位、时间，它只会机械地执行预设程序。而具备 AI 能力的洗衣机，或许能通过传感器判断衣物的材质、重量和脏污程度，然后自动选择最佳的洗涤程序，甚至根据你所在地的水质、电价动态调整洗涤时间。这就是机器在"感知"和"决策"。

传统的搜索引擎，你输入关键词，它根据关键词匹配网页。而智能搜索引擎，它会尝试理解你的搜索意图（自然语言处理），并根据你的搜索历史、地理位置等信息，推荐最可能符合你需求的搜索结果。这就是机器在"理解"和"个性化推荐"。

这些例子说明，AI 让机器不再是简单的执行工具，而是能更智能、更自主地解决问题。

1.1.2 人工智能的分类

按智能水平划分：分为弱人工智能（ANI，Artificial Narrow Intelligence）、强人工智能（AGI，Artificial General Intelligence）、超人工智能（ASI，Artificial Super Intelligence）。

（1）弱人工智能：聚焦单一领域的"专精选手"

当下，弱人工智能与我们日常生活紧密相连，如图 1-1 所示。它专注特定单一任务，在细分领域表现卓越。以语音识别系统为例，智能客服靠它电话答疑，会议软件

图 1-1　弱人工智能的应用

用它精准转录语音。图像识别系统同样出色，安防监控人脸识别精准锁定可疑人员，手机相册自动分类照片。这些实用功能虽智能有限，却已融入生活方方面面，不可或缺。

（2）强人工智能：追求"类人通用智能"的终极目标

强人工智能如同科幻作品中那般神奇，具备全面模拟人类智能活动的潜能，如图1-2所示。它不仅能理解、学习复杂知识，还可灵活推理、创造，自如应对复杂多变情境。可惜现阶段仍处于理论攻坚与实验室研发阶段，尚未大规模走进现实。不过科学家们满怀热忱，憧憬未来家中机器人助手既能辅导孩子学习、畅谈人生，又能照料老人生活、给予温暖陪伴，这美好愿景激励着科研人员奋勇前行。

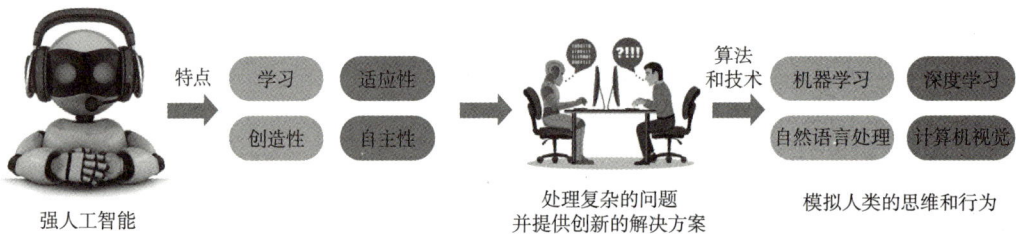

特点　学习　适应性　创造性　自主性

处理复杂的问题并提供创新的解决方案

算法和技术　机器学习　深度学习　自然语言处理　计算机视觉

模拟人类的思维和行为

强人工智能

图1-2　强人工智能特点

（3）超人工智能：超越人类所有智能领域的系统

超人工智能彻底突破人类认知局限，在智力、创造力、学习速度等全方位超越人类。它一旦问世，必将掀起惊涛骇浪，引发科技与社会的深刻变革。但这也会带来诸多难题：人类与超智能机器如何共处？社会秩序怎样重塑？凝视充满未来感、科技感爆棚的城市画作，望着高耸入云的智能建筑、瞬息万变的信息洪流，我们对超人工智能既期待又忐忑。

当前的 AI 虽然强大，但它们是工具，是助手，它们在特定任务上表现惊人，但它们没有自主意识，不能像人一样进行跨领域的思考和判断。当我们听到"AI 威胁论"或者对 AI 产生恐惧时，很多时候是对强人工智能的担忧，但这并不是我们当下正在打交道的 AI。当下我们应该关注的是如何更好地利用弱人工智能工具，以及如何规范其发展，确保其安全、可靠、公正。

所以，当你使用智能手机的 AI 功能时，请记住，你正在与一个非常专业的"助手"打交道，它能高效地完成被赋予的特定任务，但它并不拥有像你一样全面的智能和意识。理解这一点，是认识人工智能的第一步。

1.2　人工智能如何"思考"和"学习"的？

　　既然 AI 能像人一样学习和解决问题，那它是怎么做到的呢？它的"大脑"里到底发生了什么？

1.2.1　从数据中找规律

　　现代人工智能之所以能够展现出各种令人惊叹的能力，其核心思想之一就是"从数据中学习"。这主要依赖于一种叫作机器学习（Machine Learning，ML）的技术。

　　我们可以这样理解机器学习：传统的编程是"输入数据和规则 → 输出结果"。而机器学习则是"输入数据和期望的结果 → 输出规则"。机器通过分析大量的数据，自己摸索出隐藏在数据背后的规律和模式，然后利用这些规律来处理新的数据。

　　用一个最经典的例子来说明这个过程：教机器识别猫和狗。

　　（1）收集数据：你需要准备大量的猫的图片和狗的图片。关键是，每一张图片都需要进行"标注"，告诉机器："这张是猫""那张是狗"。这些带有标注的图片就是"训练数据"。图片越多越好，种类丰富越好（不同姿势、不同品种、不同光照下的猫狗）。

　　（2）选择模型（算法）：选择一种适合图像识别的机器学习算法模型。

　　（3）"训练"模型：把这些带有标注的图片"喂给"机器学习模型。模型会反复地"看"这些图片，并根据标注来调整自己内部的参数，尝试找到区分猫和狗的关键特征（比如猫的耳朵形状、眼睛特征、狗的鼻子长短等）。如果模型识别错了，它会"吸取教训"，调整参数；如果识别对了，它会"巩固经验"。这个过程就像一个学徒在老师的指导下反复练习，不断提高辨别能力。这个训练过程可能需要非常强大的计算能力和很长时间。

　　（4）完成学习：当模型经过充分训练后，它就形成了一套区分猫和狗的"规则"或"模式"。

　　（5）进行"预测"：现在，你给模型一张它从未见过的图片，它就能运用学到的规律，判断这张图片是猫还是狗，并给出一个识别结果。

　　这个过程就是"从数据中学习"。机器并没有被明确地编程"如果看到尖耳朵就是猫"，而是通过大量数据的学习，自己"发现"了尖耳朵、特定眼睛形状等特征与"猫"这个标签之间的关联性。

机器学习的应用非常广泛，比如：

◎ **推荐系统**：通过分析你看过什么、买过什么、喜欢什么，学习你的兴趣规律，给你推荐你可能喜欢的商品、视频、文章。

◎ **垃圾邮件过滤**：通过分析大量邮件的特征（词语、发件人等），学习垃圾邮件的规律，自动把新的垃圾邮件放进垃圾箱。

◎ **医疗诊断**：通过学习大量病人的病例数据、影像数据，帮助医生识别疾病的早期迹象。

1.2.2　机器学习、深度学习与神经网络

在机器学习这个大家族中，有一个近年来特别引人注目的分支，叫作深度学习（Deep Learning，DL）。现在很多大家惊叹的 AI 能力，比如 AlphaGo 下围棋、强大的图像识别、自然流畅的机器翻译，很大程度上都得益于深度学习的发展。

深度学习是机器学习的一种，它之所以冠以"深度"，是因为它使用一种叫作深度神经网络（Deep Neural Network）的模型。神经网络是一种受到人脑神经元结构启发而设计的计算模型。人脑中，大量的神经元相互连接，形成复杂的网络，通过电信号传递信息并学习。神经网络模型模仿了这个结构，由大量的"神经元"节点组成，这些节点分层连接（所以叫"深度"）。信息通过这些层层传递，每一层都对输入的数据进行处理和转换，提取出越来越高级、越来越抽象的特征。

比如在识别猫狗的例子中，神经网络的第一层可能学习图像中最简单的特征（如边缘、线条），第二层学习更复杂的特征（如眼睛、耳朵的形状），接下来学习组合特征（如整个面部轮廓），最终判断这是猫还是狗。层数越多，"深度"越深，理论上就能学习越复杂的规律。

当然，神经网络和人脑的工作原理还有很大区别，它只是一种受到生物启发设计的计算模型。但正是这种深度学习模型，加上上面提到的海量数据和强大算力，共同推动了近年来人工智能的飞速发展。

现代 AI 的"智能"主要来源于机器学习，其核心是通过学习海量数据来发现规律。深度学习是当前最强大的机器学习技术之一，它利用深度神经网络模型，能够从原始数据中自动学习复杂而抽象的特征，从而实现各种高级的智能功能。了解这个原理，你就对 AI 的运作机制有了一个初步的认识。

1.3 人工智能的"前世今生"

人工智能并非一夜之间出现的"新物种",它的概念和探索可以追溯到很久以前。它的发展历程充满了梦想、挑战、高峰和低谷,就像一部跌宕起伏的故事。

1.3.1 萌芽与诞生:梦想的起点

早在计算机诞生之前,科学家和哲学家们就已经开始思考"机器能否思考"的问题。到了 20 世纪中期,随着电子计算机的出现,这个梦想似乎有了实现的工具。

1. 图灵测试(Turing Test):1950 年,英国数学家艾伦·图灵(Alan Turing)提出了著名的"图灵测试"(图 1-3、图 1-4),作为判断机器是否具备智能的标准。如果一个人在与机器进行文字交流时,无法分辨对方是人还是机器,那么就可以认为这个机器具有智能。这个想法为人工智能的研究设定了一个早期的目标和方向。

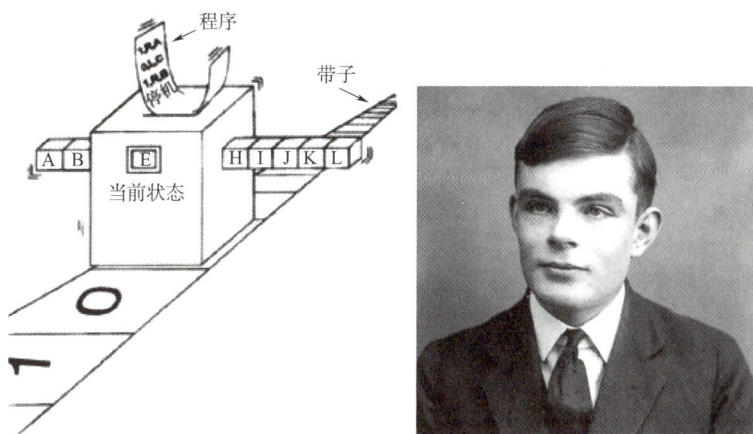

图 1-3 图灵机

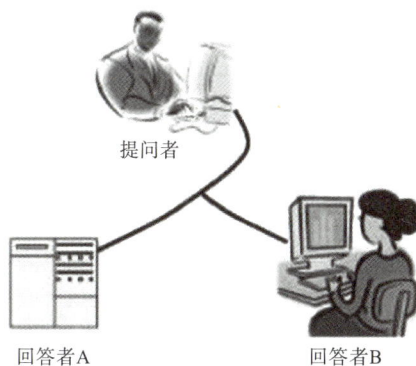

图 1-4 图灵测试

2.达特茅斯会议（Dartmouth Workshop）：1956年夏天，在美国达特茅斯学院举行的一次研讨会，如图1-5所示，被认为是人工智能正式诞生的标志。约翰·麦卡锡（John McCarthy）在会上首次提出了"人工智能"（Artificial Intelligence）这个词。与会者们雄心勃勃，乐观地认为用一台机器模拟人类智能并非遥不可及，他们设想在几十年内就能取得巨大突破。

达特茅斯会议七侠

图1-5　达特茅斯会议七侠

这次会议点燃了人工智能研究的火焰，早期的研究者们尝试用逻辑推理、符号操作等方法构建智能系统，模拟人类的思维过程。

1.3.2　黄金时代与 AI 寒冬

在达特茅斯会议后的十几年里，人工智能研究取得了一些早期进展，比如能够解决一些简单的数学题、下简单的棋类游戏。这被称为人工智能的"黄金时代"，人们对 AI 充满期待。

然而，很快研究者们就遇到了巨大的困难。他们发现，要让机器处理更复杂、更贴近现实世界的问题，远比想象中要困难得多。早期的符号逻辑方法难以处理不确定性、常识知识和感知信息。

（1）第一次 AI 寒冬（约 1974—1980）：由于进展缓慢，承诺未能兑现，政府和机构的研究资金大幅削减，人工智能研究进入了第一个低谷期，被称为"AI 寒冬"。

到了 20 世纪 80 年代，随着计算机硬件性能的提升和新的算法出现（如专家系统、反向传播算法的提出），人工智能迎来了短暂的复兴。专家系统（Expert System）试图通过将领域专家的知识编码到计算机系统中来模拟专家解决问题的过程，在某些特定领域取得了一定的成功应用。

（2）第二次 AI 寒冬（约 1987—1993）：专家系统也面临着维护困难、知识获取瓶颈、处理复杂问题能力不足等问题。随着商业应用的失败，投资再次减少，AI 再次进入寒冬。

两次 AI 寒冬的核心原因相似：理论和算法的局限性，以及当时计算机硬件（算力）和数据量的不足，使得研究者们无法将设想中的智能系统真正实现。人们对 AI 的期望过高，而当时的技术能力无法支撑这些期望，导致了失望和资金撤离。

1.3.3 深度学习与大数据时代的到来

进入 21 世纪，特别是近十几年，人工智能迎来了前所未有的高速发展，迎来了"第三次浪潮"。

案例：	AlphaGo 人机大战

2016 年 3 月，韩国围棋世界冠军李世石与 DeepMind 公司开发的 AlphaGo 展开了一场举世瞩目的围棋对决，如图 1-6 所示。AlphaGo 基于深度学习算法，通过对海量围棋棋局数据的学习，能够精准分析局势、预测对手落子。在五局比赛中，AlphaGo 以 4：1 的战绩战胜李世石，这场胜利不仅标志着人工智能在复杂策略游戏领域取得重大突破，更引发了全球对人工智能能力的惊叹与思考。它向世界展示了人工智能强大的学习和决策能力，开启了人工智能在更多领域探索应用的新热潮。

图 1-6 2016 年 AlphaGo 以 4：1 的战绩战胜李世石

这次浪潮与前两次不同，它找到了新的"发动机"和"燃料"。

（1）大数据时代的到来：互联网、移动互联网的普及、各种传感器和设备的爆炸式增长，产生了海量的数据（图像、文字、语音、用户行为等）。这些数据成为训练 AI 模型最宝贵的"养料"。

（2）计算能力的飞跃：计算机硬件特别是图形处理器（GPU）的发展，使得并行计算能力大幅提升。GPU 最初是为处理游戏中的复杂图形而设计的，但研究者发现它们非常适合进行神经网络所需的矩阵运算，为训练大型复杂的深度学习模型提供了强大的算力支持。云计算的发展也让普通研究者和企业能够轻松获得强大的计算资源。

（3）深度学习的突破与发展：深度学习算法在 2006 年前后取得关键性突破，并随着数据和算力的增长，展现出惊人的能力。特别是在图像识别（ImageNet 竞赛的突破性进展）、语音识别、自然语言处理等领域，深度学习模型的性能远超传统方法，直接推动了 AI 在这些领域的实际应用。

正是海量数据、强大算力、优秀算法（特别是深度学习）的共同驱动，使得人工智能走出了寒冬，进入了前所未有的发展快车道。各种 AI 技术开始从实验室走向应用，深刻地改变着社会和经济。

人工智能的发展历程如图 1-7 所示。

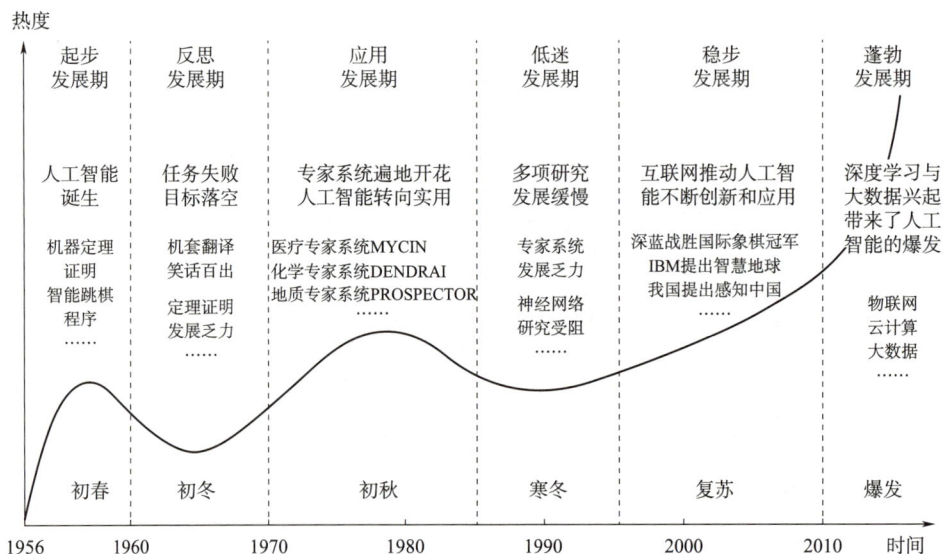

图 1-7　人工智能的发展历程

了解这段历史，我们可以看到 AI 的发展并非一帆风顺，它经历了起伏和挑战。这提醒我们既要对 AI 的未来充满信心，也要保持理性和耐心，认识到技术发展是一个长期积累和不断突破的过程。

1.4 揭秘 AI 爆发的"三大核心要素"

扫码看微课
对应视频：1.4 揭秘 AI 爆发的
"三大核心要素"

前面我们在历史中提到了推动当前 AI 浪潮兴起的几个关键因素，现在让我们更详细地解释一下，为什么偏偏是现在，人工智能变得如此"火热"，成为全球关注的焦点。这背后，正是"海量数据""强大算力"和"优秀算法"三个要素的协同作用。

1.4.1 海量数据是 AI 的"燃料"

就像人学习需要教材和经验一样，机器学习模型需要大量的数据来进行训练。数据量越大、种类越丰富、质量越高，模型学到的规律就越准确、越泛化，性能也就越好。

回想一下过去：几十年前，数据采集困难，存储昂贵，数据量非常有限。但进入 21 世纪，特别是互联网和智能设备的普及，彻底改变了这一局面：

◎ **互联网**：全球网民每天都在产生海量的文字、图片、视频信息。

◎ **移动设备**：智能手机记录着我们的位置、行为、偏好。

◎ **社交媒体**：记录着人们的互动、观点、关系。

◎ **物联网（IoT）**：各种智能传感器（摄像头、麦克风、传感器等）部署在城市的各个角落、工厂的车间、农田里，源源不断地产生环境、设备、运行数据。

◎ **数字化转型**：各行各业都在进行数字化改造，将业务流程、客户交互、内部管理等数据化。

所有这些加起来，形成了前所未有的"大数据海洋"。这片海洋为 AI 提供了极其丰富的"燃料"，让机器学习模型能够从中提取出复杂的、隐藏的规律，构建出高性能的智能系统。比如，没有海量的用户行为数据，就无法训练出精准的个性化推荐系统；没有海量的图像数据，就无法训练出高精度的人脸识别或物体识别模型，因此数据的收集、存储和保护成为各个公司的工作重点，图1-8为腾讯七星洞库式数据中心。

图 1-8　腾讯七星洞库式数据中心

1.4.2　强大算力是 AI 的"发动机"

机器学习特别是深度学习模型的训练过程，涉及天文数字般的数学计算，主要是矩阵乘法和向量运算。模型的规模越大（参数越多）、数据量越大，所需的计算量就越大。

想象一下，训练一个大型图像识别模型，可能需要让它"看"几百万、几千万甚至上亿张图片，每看一张图片，模型内部的数百万甚至数十亿个参数都需要进行调整和更新。这在过去是根本不可能完成的任务。

幸运的是，近年来计算机硬件技术取得了飞跃式发展：

◎ **图形处理器（GPU）**：最初用于加速电子游戏中的图形渲染，但它们非常擅长进行并行计算，即同时处理大量简单的计算任务。这与神经网络训练所需的计算模式高度契合。一个高性能 GPU 可以同时进行成千上万个计算，而 CPU（中央处理器）更擅长进行复杂但串行的计算。GPU 成为训练 AI 模型的关键硬件。

◎ **专用 AI 芯片**：除了 GPU，为了进一步提高 AI 计算效率，各种专门为 AI 设计的芯片（如 TPU、NPU 等）也应运而生，提供了更强大的 AI 计算能力。

◎ **云计算**：大型互联网公司和科技公司构建了超大规模的数据中心，集成了成千上万颗高性能 GPU 或 AI 芯片，并通过云计算服务提供给开发者和企业。这意味着无需购买昂贵的硬件，就可以租用强大的计算资源来训练 AI 模型，极大地降低了 AI 研发的门槛。国内 AI 算力服务产业全景视图如图 1-9 所示。

图 1-9　国内 AI 算力服务产业全景视图

强大的算力，就像给 AI 安上了一个强劲的发动机，让研究者们能够训练更大、更复杂的模型，处理更庞大的数据，将算法理论转化为实际可用的 AI 系统。

1.4.3　优秀算法是 AI 的"方法"

有了充足的"燃料"（数据）和强大的"发动机"（算力），还需要高效的"方法"才能将它们转化为智能。近年来，机器学习特别是深度学习算法取得了突破性进展，常见的算法模型如图 1-10 所示。

虽然机器学习的概念和一些基础算法（如神经网络）早就存在，但深度学习的兴起带来了新的活力：

◎ **模型结构的创新**：研究者们设计出了更有效率、更适合处理特定类型数据的神经网络结构，比如用于图像的卷积神经网络（CNN）、用于序列数

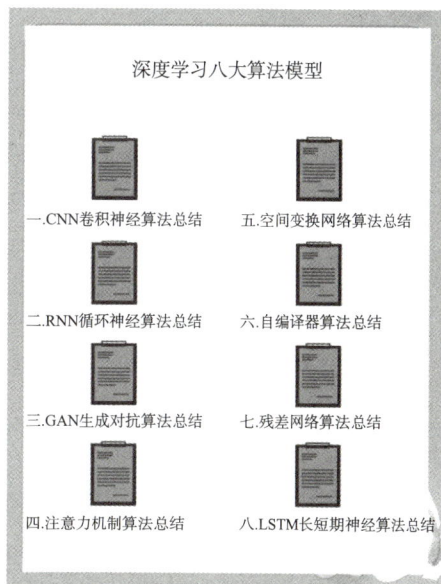

图 1-10　深度学习八大算法模型

据（如文本、语音）的循环神经网络（RNN）和 Transformer 模型。这些结构能够更好地捕捉数据中的复杂模式。

◎ **训练技术的改进**：优化器、正则化方法、批量归一化等技术的出现，使得训练深层网络变得更加稳定和高效，解决了之前困扰研究者的训练难题。

◎ **预训练模型的兴起**：在海量无标签数据上预先训练一个大型通用模型（如 BERT、GPT 系列用于自然语言处理，或在大型图像数据集上预训练的视觉模型），然后在特定任务上进行微调，这种迁移学习的方法极大地提高了 AI 的泛化能力和开发效率。这就像先学会通用的"阅读理解"能力，再快速学习某个特定领域的知识。

这些算法上的进步，使得 AI 模型能够更有效地从大数据中学习，处理更复杂的信息，完成更高级的任务，从而推动了 AI 在各个领域的应用爆发。

总结来说，当前人工智能的火热，不是单一因素的结果，而是海量数据提供了学习的基础，强大算力提供了计算的支撑，而优秀算法提供了学习的方法。这"三大核心"（图 1-11）相互促进，共同驱动了人工智能技术的飞速发展和广泛应用，将 AI 从实验室推向了我们的日常生活和各行各业。

人工智能三大核心：计算力、算法、数据

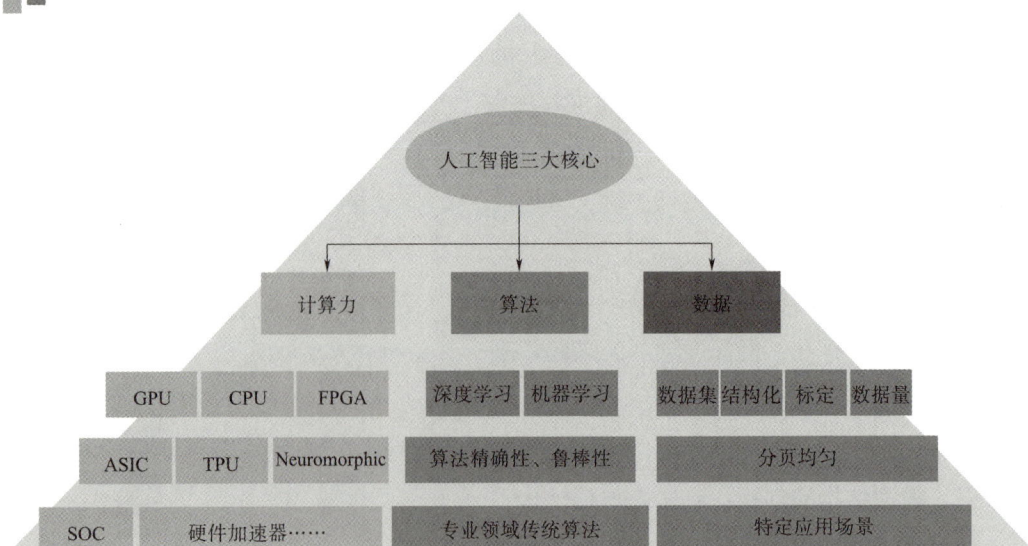

图 1-11 人工智能三大核心：计算力、算法、数据

1.5 中国 AI 的发展现状与机遇

近年来，中国在人工智能领域取得了举世瞩目的成就，成为全球人工智能发展的重要力量。作为中国的年轻人，了解我们国家在 AI 领域的地位和发展，既能增强我们的民族自豪感，也能帮助我们更好地把握未来的发展机遇。

案例	央视新闻：DeepSeek 火爆全网，"神秘东方力量"冲击美股！

2025 年 1 月，DeepSeek（图 1-12 为 DeepSeek 创始人）在世界经济论坛 2025 年年会开幕当天发布了最新开源模型 R1，再次引发全球关注。

图 1-12 梁文锋受邀参加座谈会

DeepSeek 是一款由国内人工智能公司研发的大型语言模型，拥有强大的自然语言处理能力，能够理解并回答问题，还能辅助写代码、整理资料和解决复杂的数学问题。与 OpenAI 开发的 ChatGPT 相比，DeepSeek 不仅率先实现了媲美 OpenAI-o1 模型的效果，还大幅降低了推理模型的成本。据介绍，R1 模型在技术上实现了重要突破——用纯深度学习方法让 AI 自发涌现出推理能力，在数学、代码、自然语言推理等任务上，性能比肩 OpenAI 的 o1 模型正式版，且训练成本仅为 560 万美元，远低于美国科技巨头的数亿美元乃至数十亿美元投入。

当地时间 1 月 27 日，受中国人工智能初创公司——深度求索公司（DeepSeek）冲击，美国人工智能主题股票遭抛售，美国芯片巨头英伟达（NVIDIA）股价历史性暴跌，纳斯达克综合指数大幅下跌。截至当天收盘，英伟达公司股价下跌 16.97%，市值一日内蒸发近 6000 亿美元，创美国历史上任何一家公司的单日最大市值损失。DeepSeek 冲击美股英伟达的暴跌对整个市场造成了冲击，博通公司股价下跌 17%，超威半导体公司（AMD）股价下跌 6%，微软股价下跌 2%。此外，人工智能领域的衍生品，如电力供应商也受到重创。美国联合能源公司股价下跌 21%，Vistra 的股价下跌 29%。目前，DeepSeek 开发的移动应用程序已超越 OpenAI 的 ChatGPT，登顶苹果手机应用商店美国区免费应用榜单。

1.5.1　中国 AI 发展概况：国家战略与市场驱动

中国政府高度重视人工智能发展，将 AI 上升为国家战略。国务院在 2017 年印发了《新一代人工智能发展规划》，明确提出了中国 AI 发展的战略目标和重点任务，并在技术研发、产业发展、人才培养、政策法规等方面给予了大力支持。

（1）国家战略支持：有力的政策引导和资金投入为中国 AI 的快速发展奠定了基础。

（2）巨大的市场规模：中国拥有庞大的人口和活跃的经济，提供了丰富的应用场景和海量的数据，这为 AI 技术的落地和迭代提供了得天独厚的条件。无论是电商、移动支付、短视频，还是制造业、交通、医疗，都能找到大规模应用 AI 的土壤。

（3）充足的资金投入：中国企业和资本在 AI 领域的投资活跃，涌现出了一批具有国际竞争力的 AI 企业。

在国家战略和市场需求的双重驱动下，中国 AI 产业呈现出蓬勃发展的态势。

1.5.2　中国 AI 应用落地走在前列

中国 AI 在一些关键技术和应用落地方面表现突出，具备一定的全球领先优势。

（1）计算机视觉：在人脸识别、物体识别、图像分析等领域，中国企业和研究机构取得了显著进展，技术水平处于世界前列，并广泛应用于安防监控、智慧城市、金融支付、零售等领域。你在火车站、机场，甚至某些小区看到的人脸识别门禁，很多就采用了国内自主研发的技术。

（2）语音识别：中文语音识别技术发展迅速，识别准确率高，为智能语音助手、智能客服、语音输入等应用提供了强大的支撑。

（3）AI 应用落地能力：中国在将 AI 技术快速转化为实际应用方面能力很强。得益于庞大的用户基础和多元化的应用场景，各种 AI 创新应用能够快速得到市场验证和推广。例如，将人脸识别用于移动支付、将 AI 用于城市交通管理（智慧城市）、将 AI 用于电商推荐和物流优化等方面，中国都走在了世界前列。

（4）数据优势：中国拥有全球最大的网民数量和活跃的数字经济，产生了海量的高质量数据，这为训练强大的 AI 模型提供了重要支撑。

这些优势使得中国在一些 AI 赛道上具备了较强的竞争力。

1.5.3　面临的挑战与机遇

尽管取得了显著成就，中国 AI 发展也面临一些挑战：

（1）基础研究需加强：在一些 AI 底层理论、核心算法和通用模型方面，与国际顶尖水平仍有差距，原创性突破不足。

（2）高端人才仍稀缺：缺乏顶尖的 AI 科学家和能够进行原创性研究的复合型人才。

（3）核心技术受制于人：在 AI 芯片、高性能计算硬件、一些关键算法框架等方面，对外依赖度较高。

这些挑战意味着中国 AI 发展需要从"应用领先"向"基础扎实"转变，需要加大基础研究投入，培养更多高端人才，突破关键核心技术，确保产业链安全。

同时，这些挑战也蕴含着巨大的机遇：

（1）基础研究的巨大潜力：在底层理论和算法方面进行探索，有机会实现颠覆性创新。

（2）人才培养的迫切需求：为有志于从事 AI 相关工作的学生提供了广阔的发展空间。

（3）产业链自主可控：推动国内芯片、软件等产业发展，构建自主可控的 AI 生态。

（4）AI 赋能传统产业：中国拥有庞大的传统产业基础，AI 与这些产业的结合（如智能制造、智慧农业）具有巨大的改造和升级潜力。

对于大学生来说，中国 AI 的蓬勃发展和面临的挑战都意味着机遇。你们可能不会直接参与最前沿的算法研究，但中国的 AI 应用落地能力为各种相关的技术支持、运维、实施、集成、销售、数据服务等岗位创造了大量需求。理解中国 AI 的现状和趋势，能帮助你们更好地定位自己的学习方向和职业规划，抓住时代发展的红利。

1.6　拓展阅读

"人工智能"一词首次提出

1955 年 8 月，时任达特茅斯学院数学系助理教授、1971 年图灵奖获得者麦卡锡（J. McCarthy），时任哈佛大学数学系和神经学系青年研究员、1969 年图灵奖获得者明斯基（M. L. Minsky），时任贝尔实验室数学家、"信息论之父"香农（C. Shannon）和时任国际商业机器公司（International Business Machines Corporation，IBM）信息研究主管、IBM 第一代商用计算机 IBM 701 的主设计师罗切斯特（N. Rochester）4 位学者向美国洛克菲勒基金会递交了一份题为《关于举办达特茅斯人工智能暑期研讨会的提议》（A Proposal for the Dartmouth Summer Research Project on Artificial Intelligence）的建议书，希望基金会资助拟于 1956 年夏天在达特茅斯学院举办的人工智能研讨会，研究"让机器能像人那样认知、思考和学习，即用计算机模拟人的智能"的科学。

在这份建议书中，"人工智能"（Artificial Intelligence，AI）这一术语被首次提出，用来表示"人工所制造的智能"。该建议书对能够实现"人造智能"的原因进行了如下描述：学习的每个方面或智能的大多数特性原则上都可以被精确描述，从而可以用机器来模拟。

大多数学科都有必须遵守的最基本的命题或假设，这些命题或假设不能被省略和违反，即学科发展的第一性原理。比如，牛顿经典力学中"引力和惯性"以及达尔文进化论中"物竞天择，适者生存"，都是需要遵守的第一性原理。在 AI 研究中，对智能行为过程的精确描述或许可以作为类似于第一性原理需要遵守的原则，也就是说以机器为载体来展示人类智能或生物智能，需要对智能行为发生过程予以清晰描述，从而通过程序设计语言被机器按序执行。1965 年诺贝尔物理学奖获得者费曼（R. Feynman）曾经说过：不可造者，未能知也（What I can not create, I do not understand），这一说法与 AI "第一性原理"异曲同工。

达特茅斯会议

1956 年 6 月 18 日至 8 月 17 日，30 多位学者如期来到达特茅斯学院，参加持续 8 周左右的人工智能暑期研讨会（图 1-13），AI 从此正式登上了人类历史舞台。其中麦卡锡、明斯基和所罗门诺夫（R. Solomonoff）3 位学者全程参与了会议。

图 1-13　达特茅斯会议主要参会者

参加会议的还有 1975 年图灵奖得主纽厄尔（A. Newell）、1975 年图灵奖和 1978 年诺贝尔经济学奖得主西蒙（H. A. Simon）、1977 年图灵奖得主巴克斯（J. Backus）、"机器学习"（machine learning）一词的创立者塞缪尔（A. Samuel）等，他们在信息论、逻辑和计算理论、控制论、机器学习、神经网络等领域都做出过奠基性的工作。

达特茅斯会议对人工智能的发展起到了重要的推动和引领作用，主要表现在以下几个方面：

（1）定义了人工智能领域：会议提出了"人工智能"这一术语，为后来的研究提供了一个共同的概念框架。

（2）激发了研究热情：会议的召开引起了学术界和工业界对人工智能的广泛关注，吸引了更多的研究者投入到这一领域。

（3）促进了跨学科交流：会议汇聚了来自不同学科领域的专家，促进了计算机科学、数学、神经科学、心理学等多个学科之间的交流和合作。

（4）确立了研究方向：会议讨论了人工智能的各种问题和方法，为后来的研究提供了重要的指导和启示。

总的来说，达特茅斯会议是人工智能发展史上的一个重要里程碑，为人工智能的发展奠定了基础，开启了人工智能研究的新纪元。

1.7　小结

人工智能（AI）已成为融入我们日常生活的"超能力"伙伴，而非遥不可及的未来科技。本章通过智能手机助手、个性化推荐、自动驾驶等生动实例，通俗解释了 AI 如何通过学习与模仿，赋予机器感知、思考及辅助决策的能力。它旨在消除大众对 AI 的神秘感与疑虑，强调 AI 在提升生活便利性、工作效率及解决复杂问题上的积极作用，鼓励读者认识并善用这位日益重要的"伙伴"，共同迎接智能化时代的机遇与挑战。

1.8　习题与讨论

1. 选择题

（1）下列哪一项最能体现人工智能"伙伴"的含义？（　　　）

　　A. 机器人具有和人类完全一样的外貌

　　B. AI 技术能够辅助人类完成任务，提高效率

　　C. AI 可以独立思考并拥有情感

　　D. AI 系统运行不需要任何人工干预

（2）当我们使用智能手机的语音助手（如 Siri、小爱同学）时，我们正在与以下哪项技术互动？（　　）

    A. 传统编程软件

    B. 复杂的机械装置

    C. 互联网搜索引擎

    D. 人工智能

（3）"超能力"通常指完成普通人难以完成的事情。AI 的"超能力"最可能来源于什么？（　　）

    A. 神奇的魔法力量

    B. 对海量数据的学习和高速计算分析能力

    C. 人类直接的远程操控

    D. 预设的简单固定指令

（4）以下哪个场景最不像"你身边的"人工智能应用？（　　）

    A. 电商网站根据你的浏览记录推荐商品

    B. 导航软件实时规划最佳路线

    C. 探索遥远星系的超级望远镜

    D. 拍照 App 自动识别人脸并进行美颜

（5）提到 AI 的"学习"能力，它通常是如何学习的？（　　）

    A. 通过阅读课本

    B. 通过老师的口头教导

    C. 通过自我顿悟

    D. 通过分析和处理大量的数据样本

2. 填空题

（1）电商平台会利用 AI 技术向用户进行个性化的商品 ＿＿＿＿＿＿＿。

（2）AI 系统通过学习大量的 ＿＿＿＿＿＿＿ 来提升其"智能"水平。

（3）自动驾驶汽车依赖于人工智能技术来实现对环境的感知和 ＿＿＿＿＿＿＿。

（4）AI 可以帮助我们从海量信息中快速筛选出有用的内容，提高 ＿＿＿＿＿＿＿。

（5）AI 作为"伙伴"，其目标是 ＿＿＿＿＿＿＿ 人类，而不是完全取代人类。

3. 讨论

（1）深度求索公司推出的 DeepSeek R1 模型为何能冲击全球资本市场？

（2）中国人工智能如何在全球竞争中形成独特优势？请从产业价值链角度论述。

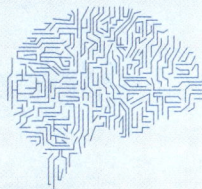

人工智能背后的技术引擎

教学目标

知识目标：

◎ 理解机器学习是实现 AI 的核心方法之一。

◎ 认识数据在 AI 模型训练与性能中的决定性作用。

◎ 了解 AI 关键技术概念，如算法、模型、神经网络（概念层面）。

◎ 简述 AI 模型开发的基本流程（数据准备、训练、评估）。

◎ 列举 AI 主要技术分支及其典型任务。

◎ 明白算力与大数据对现代 AI 发展的支撑作用。

能力目标：

◎ 能用所学原理解释常见 AI 应用背后的技术思路。

◎ 初步辨析 AI 技术宣传与实际技术能力。

◎ 将 AI 技术概念与具体 AI 系统功能联系起来。

◎ 运用 AI 技术词汇进行基础的讨论与提问。

◎ 能对 AI 系统如何实现其功能提出初步的、基于技术的设想。

素质目标：

◎ 体会 AI "技术引擎" 的精巧与复杂性。

◎ 保持对 AI 技术演进的好奇心与求知欲。

◎ 培养对 AI 能力与局限的理性、辩证看法。

◎ 认识到人类智慧在 AI 技术发展中的主导作用。

学习导言

在上一章"初识人工智能"中，我们一起掀开了人工智能（AI）的神秘面纱，知道了 AI 不仅仅是科幻电影里的机器人，更是已经渗透到我们生活方方面面的"超能力"伙伴。我们聊了 AI 是什么——让机器像人一样感知、思考、学习和决策的技术；我们也看到了 AI 的广泛应用——从你手机里的语音助手、App 里的智能推荐，到工厂里的智能质检、医院里的 AI 辅助诊断。这些应用是不是让你觉得 AI 充满了"魔法"？它仿佛无所不能，总能给我们带来惊喜。

你是否也曾好奇过：当我们对着手机说"播放周杰伦的歌"，它是怎么听懂并准确执行的？当美颜相机能精准地识别你的五官并进行美化时，它又是如何做到的？当我们通过"刷脸"进出校园，如图 2-1 所示，这背后又是什么在"默默计算"？这些看似神奇的 AI 应用，它们并非凭

图 2-1　面部识别

空产生，更不是什么玄学。它们的背后，是一系列强大而精密的技术在默默支撑，就像魔术师精彩表演的背后，有着无数精心设计的道具和苦练的技巧。

今天，我们就将扮演一次"技术侦探"，深入到人工智能这座巨大"冰山"的水面之下，去探索那些支撑着 AI 运行的核心技术基石。我们将一起了解 AI 的"动力系统"是如何构建的，它的"大脑"是如何思考和学习的，以及它需要哪些"养料"和"工具"才能发挥出如此强大的威力。

打个比方，如果说人工智能是一辆外形酷炫、性能卓越的超级跑车，那么在上一篇文章中，我们欣赏了它的外观和它在赛道上的驰骋。而这一章，将带你打开这辆跑车的引擎盖，一起仔细看看里面那些复杂而精密的部件——发动机、传动系统、电子控制单元等——是如何协同工作，共同赋予这辆跑车强大动力的。

准备好了吗？让我们一起踏上这场揭秘 AI "黑科技"的探索之旅，看看人工智能的"魔法"究竟从何而来！

2.1 机器学习

扫码看微课
对应视频：2.1 机器学习

要理解 AI 如何变得"智能"，首先要认识一个至关重要的概念——机器学习（Machine Learning，简称 ML）。可以说，机器学习是现代人工智能实现其"智能"的核心方法，是 AI 能够不断学习、适应和改进的关键所在。它就像是 AI 的"学习引擎"，为 AI 提供了源源不断的驱动力。

2.1.1 什么是机器学习—— 让机器从数据中"找感觉"

还记得我们之前讨论过，传统计算机程序是如何工作的吗？程序员需要把每一步操作的指令都清清楚楚地写下来，计算机严格按照这些指令执行。比如，编写一个计算器程序，你需要明确告诉它"当用户输入数字 A，然后输入'+'号，再输入数字 B，然后按下'='号时，就执行 A 加 B 的运算并显示结果"。这种方式对于逻辑清晰、规则明确的任务非常有效。

但是，面对很多现实世界中的复杂问题，我们很难给出明确的规则。比如，如何让计算机识别一张图片里的是猫还是狗？猫和狗的品种、姿态、颜色、背景千变万化，你几乎不可能写出涵盖所有情况的规则来区分它们（"如果耳朵是尖的，眼睛是圆的，有胡须……那么是猫"？这样的规则太容易出错了，而且根本写不完）。

这时候，机器学习就派上用场了。机器学习的核心思想与传统编程截然不同：它不是让程序员直接编写解决问题的规则，而是让机器通过分析大量的数据，自己从数据中学习规律和模式，并利用这些学到的规律来对新的、未知的数据进行预测或决策。

简单来说，传统编程是"人类给出规则，机器执行"，而机器学习是"人类给出数据（和期望的结果），机器自己找出规则"。机器就像一个学生，通过做大量的练习题（数据），自己总结出解题的方法和技巧（规律），然后就能去解答新的题目了。

机器学习的方法（图 2-2）是这样的：

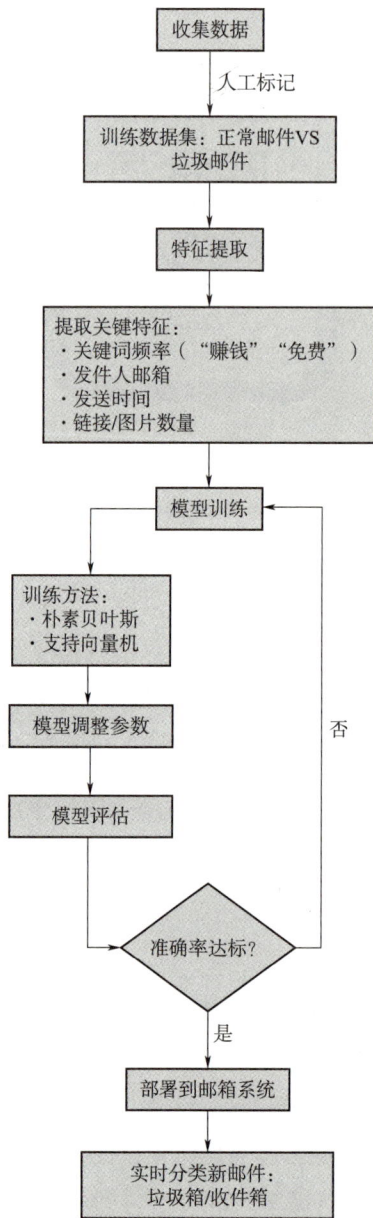

图 2-2　机器学习流程图

◎ **收集数据**：我们收集成千上万封邮件，并且人工将它们标记好："这封是正常邮件"，"那封是垃圾邮件"。这些带有标记的邮件就是我们的"训练数据"。

◎ **特征提取**：机器学习算法会从这些邮件中提取一些有用的特征，比如邮件中某些关键词出现的频率（如"投资""赚钱""紧急通知"）、发件人的邮箱地址特征、邮件的发送时间、是否包含大量链接或图片等。

◎ **模型训练**：我们选择一个合适的机器学习模型（比如朴素贝叶斯、支持向量机等），然后把这些带有特征和标记的邮件"喂"给模型。模型会分析这些数据，尝试找出哪些特征组合与"垃圾邮件"这个标签高度相关，哪些与"正常邮件"相关。它会不断调整自己内部的参数，力求能最准确地区分这两类邮件。这个过程就像机器在反复"阅读"和"思考"这些邮件，从中"找感觉"，总结经验。

◎ **模型评估**：训练完成后，我们会用一些它没见过的新邮件（也带有正确标记）来测试模型，看看它的识别准确率有多高。如果不够好，可能需要调整模型或者提供更多更好的数据。

◎ **模型应用**：一旦模型达到满意的准确率，它就可以部署到你的邮箱系统中了。当有新邮件进来时，模型会自动提取其特征，并根据学到的规律判断它是否是垃圾邮件，然后将其自动归类。

在这个过程中，我们并没有明确告诉机器"看到什么词就是垃圾邮件"，而是让它通过学习海量数据，自己"悟"出了识别垃圾邮件的"智慧"。这就是机器学习的魅力所在——它让机器具备了从经验（数据）中学习的能力。

2.1.2 机器学习的"三大学习方式"

机器学习根据学习方式和数据类型的不同，可以大致分为几个主要的流派。对于初学者来说，我们主要了解其中最核心的三个：监督学习、无监督学习和强化学习。

1. 监督学习（Supervised Learning）：有"老师"带的乖学生

解释：监督学习是最常见也是应用最广泛的一种机器学习方法。它的核心特点是，我们提供给机器的训练数据中，每一条数据都带有一个明确的"答案"或"标签"。机器在学习过程中，就像有一个"老师"在旁边指导，告诉它对于每个输入，正确的输出应该是什么。机器的任务就是学习从输入到输出之间的映射关系。

应用例子：

◎ **图像分类**：正如前面提到的识别猫和狗。我们给机器成千上万张猫的图片（都标记为"猫"）和狗的图片（都标记为"狗"）。机器通过学习这些图片和标签，最终能够对一张新的、未标记的图片判断出是猫还是狗。

◎ **房价预测**：我们收集大量房产数据，每条数据包含房子的各种特征（如面积、卧室数量、地理位置、建造年份等），以及对应的实际成交价格（标签）。机器学习模型通过分析这些数据，学习特征与价格之间的关系，然后就可以对一套新的房子，根据其特征预测出大致的价格。

◎ **人脸识别**：手机解锁时，你预先录入了自己的面部信息（这就是带标签的数据，标签就是"这是机主"）。当你解锁时，手机摄像头捕捉你的面部，与预存信息进行比对，判断是否匹配。

◎ **手写数字识别**：银行支票上的手写金额，或者快递单上的手写地址，都可以通过监督学习训练模型来识别。训练数据就是大量的手写数字图片及其对应的正确数字标签。

监督学习的核心在于"标签"或"答案"的存在，它指导着机器的学习方向。

2. 无监督学习（Unsupervised Learning）：独立思考的"探索家"

解释：与监督学习不同，无监督学习提供给机器的训练数据没有明确的"答案"或"标签"。机器需要自己去探索数据中隐藏的结构、模式或关系。它就像一个独立思考的探索家，试图从一堆看似杂乱无章的数据中找出有意义的规律。

应用例子：

◎ **用户画像（聚类分析）**：电商平台拥有大量用户的购买记录、浏览行为等数据，但并没有给用户打上"高价值用户""潜力用户"这样的标签。无监督学习算法（如 K-Means 聚类）可以自动分析这些数据，将行为相似的用户群体划分到一起，形成不同的用户画像。比如，一群经常购买母婴用品的用户，一群喜欢数码产品的用户等。这有助于平台进行更精准的营销。

◎ **异常检测**：在银行交易数据中，大部分交易行为是正常的。无监督学习可以帮助识别出那些与大多数交易模式显著不同的"异常"交易，这可能预示着欺诈行为。在工业生产中，也可以用来检测设备运行数据中的异常信号，预警潜在故障。

◎ **数据降维**：当数据特征非常多（维度很高）时，处理起来会很复杂。无监督学习可以帮助找到数据中最重要的几个核心特征，去除冗余信息，将高维数据压缩到低维空间，同时尽量保留原始信息，方便后续分析和可视化。

无监督学习的魅力在于它能从看似无序的数据中"挖掘"出有价值的信息和结构。

3. 强化学习（Reinforcement Learning）：在"试错"中成长的"游戏高手"

解释：强化学习是一种非常独特的机器学习方法。它不像监督学习那样有明确的标签，也不像无监督学习那样完全没有指导。在强化学习中，机器（称为"智能体"或 Agent）通过与环境进行互动，并根据其行为获得"奖励"或"惩罚"信号，从而学习如何做出最优决策，以最大化累积奖励。

应用例子：

◎ **AlphaGo 下围棋**：AlphaGo 并不是通过学习人类棋谱的"正确答案"来下棋的（虽然早期版本也用了监督学习辅助）。它的核心是通过自我对弈（自己和自己下棋），根据每盘棋的输赢（奖励／惩罚）来不断优化自己的下棋策略。它下了数百万盘棋，从中学会了高超的棋艺。

◎ **机器人路径规划**：让一个机器人在复杂的环境中找到从起点到终点的最优路径。机器人每走一步，如果离目标更近了，就给一个小的正奖励；如果撞到障碍物，就给一个负奖励（惩罚）。通过不断尝试，机器人会学会避开障碍，选择最短路径。

◎ **自动驾驶策略优化**：自动驾驶汽车在模拟环境中行驶，根据其行为（如平稳驾驶、遵守交通规则、避免碰撞）获得奖励或惩罚，从而学习在各种路况下如何安全高效地驾驶。

◎ **推荐系统优化**：推荐系统给用户推荐一个商品，如果用户点击或购买了，系统就获得一个正奖励，从而学习更精准的推荐策略。

强化学习的核心在于"环境反馈"和"累积奖励"，它让机器能够在与环境的互动中自主学习和进化。

这三大学习方式各有特点，适用的场景也不同。在很多复杂的 AI 应用中，它们甚至可能被结合起来使用。理解它们的基本思想，能帮助我们更好地理解各种 AI 技术背后的逻辑。

2.2 深度学习与神经网络

在机器学习的大家庭中，有一个分支近年来大放异彩，几乎成为现代 AI 的代名词，那就是深度学习，机器学习与深度学习的关系如图 2-3 所示。我们听到的很多令人惊叹的 AI 突破，比如 AlphaGo 战胜人类围棋冠军、能够进行流畅对话的 ChatGPT、逼真的人脸生成技术等，背后都有深度学习的强大身影。深度学习的核心是人工神经网络（Artificial Neural Network，简称 ANN），特别是层级很深的神经网络。

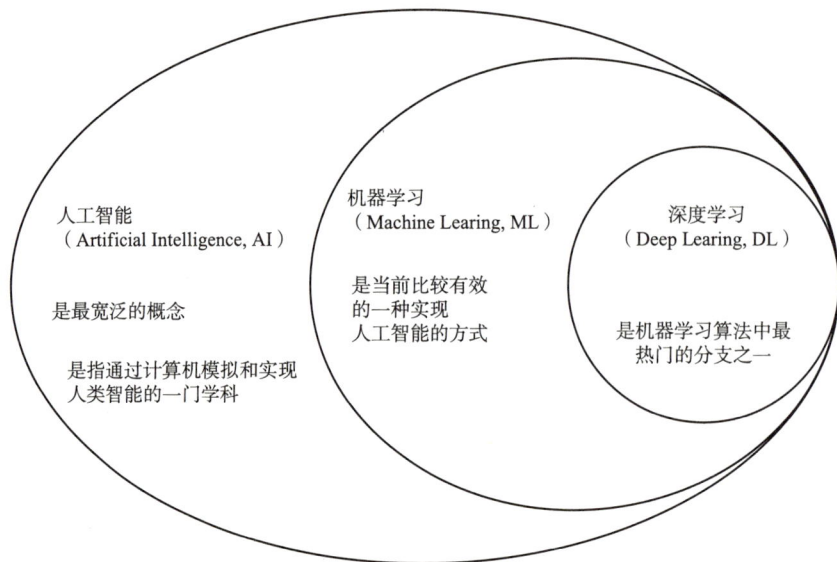

图 2-3 机器学习与深度学习的关系

2.2.1 为什么需要深度学习——从"手工特征"到"自动学习特征"

在深度学习出现之前，传统的机器学习方法在处理某些复杂问题时面临一个很大的挑战，那就是特征工程。

什么是特征工程呢？简单来说，就是从原始数据中人工提取或构造出那些对模型学习最有帮助的特征。比如，在房价预测任务中，原始数据可能有房子的详细描述文本。传统的机器学习模型可能无法直接处理这些文本，需要人工从中提取出"卧室数量""是否有学区""交通便利性"等结构化的特征，然后才能输入给模型。

这个过程非常依赖领域专家的知识和经验，而且非常耗时费力。对于像图像、语音、自然语言这样复杂的原始数据，人工设计好的特征更是难上加难。比如，要识别一张图片中的汽车，我们应该提取哪些特征？是轮子的圆形、车灯的形状，还是车身的轮廓？这些特征如何量化表示？如果光照、角度、遮挡发生变化，这些人工设计的特征可能就不再有效了。

深度学习的出现，在很大程度上解决了这个问题。它的一个核心优势就是能够进行"端到端"的学习，即直接从原始数据（如图像的像素、语音的波形、文本的词序列）中自动学习和提取有用的特征，而不需要（或很少需要）人工进行复杂的特征工程。机器学习与深度学习的区别如图 2-4 所示。

深度学习模型，特别是深度神经网络，通过其多层结构，能够逐层地从数据中学习特征。底层网络学习一些比较简单、局部的特征（比如图像中的边缘、角点），中间层网络将这些低级特征组合成更复杂、更抽象的特征（比如物体的部件、纹理），更高层

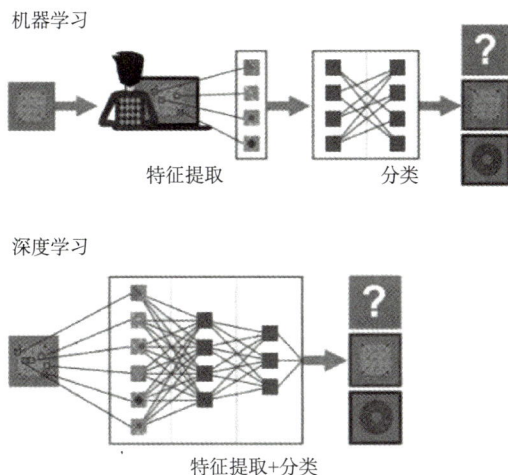

图 2-4　机器学习与深度学习的区别

网络则能学习到更全局、更具语义的特征（比如整个物体的概念）。这种层次化的特征学习能力，使得深度学习模型能够更好地理解复杂数据的内在结构和模式。

打个比方：

◎ **传统机器学习**：就像是你给厨师一些已经切好、配好的半成品菜（人工提取的特征），厨师只需要按照固定的菜谱（算法）炒出来就行。但如果半成品菜的质量不好，或者不适合这个菜谱，那么最终的菜品味道可能就不佳。

◎ **深度学习**：则更像是一位经验丰富的大厨，你只需要给他原始的食材（原始数据），他能够自己判断这些食材的特性，自己进行清洗、切割、搭配、调味（自动学习特征），并最终烹饪出一道美味佳肴。

这种自动学习特征的能力，使得深度学习在处理图像、语音、文本等非结构化数据方面取得了革命性的突破，极大地推动了计算机视觉、自然语言处理等领域的发展。

2.2.2　几种重要的神经网络"明星"

在深度学习的大家庭里，根据网络结构和连接方式的不同，衍生出了许多不同类型的神经网络模型，它们各自擅长处理不同类型的数据和任务。下面我们来认识几位在 AI 领域大名鼎鼎的"明星"网络：

1. 卷积神经网络（Convolutional Neural Network，CNN）：图像识别的"火眼金睛"

CNN 是专门为处理具有网格状拓扑结构的数据（如图像、视频帧）而设计的深度学习模型。它的核心思想来源于对生物视觉皮层的研究。

（1）卷积神经网络的特征

卷积层（Convolutional Layer）：通过使用一些小的"滤镜"（称为卷积核或滤波器）在输入图像上滑动，来提取局部的特征。比如，一个卷积核可能专门用来检测图像中的垂直边缘，另一个可能用来检测水平边缘，还有一个可能用来检测特定的颜色或纹理。这种操作可以有效地捕捉图像的空间层次结构。

池化层（Pooling Layer）：通常跟在卷积层之后，用于降低特征图的维度，减少计算量，并使模型对微小的位置变化不那么敏感（具有一定的平移不变性）。

通过多层卷积和池化操作的堆叠，CNN 能够从原始像素中逐层提取出越来越复杂和抽象的图像特征，最终用于分类、检测等任务。卷积神经网络架构如图 2-5 所示。

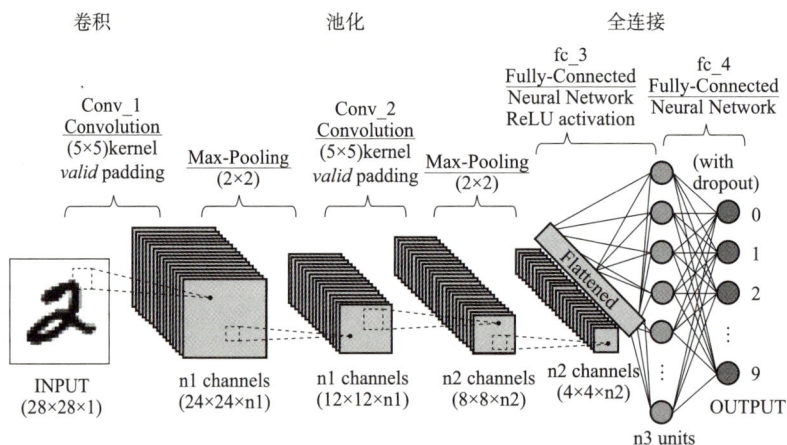

图 2-5 卷积神经网络架构.

（2）卷积神经网络的应用

CNN 在计算机视觉领域取得了巨大的成功，是目前图像相关任务的主流模型。

◎ **图像分类**：判断一张图片属于哪个类别（如猫、狗、汽车、飞机）。著名的 ImageNet 图像识别挑战赛的突破就得益于 CNN。

◎ **物体检测**：在一张图片中找出所有感兴趣的物体，并用方框框出它们的位置（如自动驾驶中检测行人、车辆、交通标志）。

◎ **人脸识别**：验证一个人的身份，广泛应用于手机解锁、门禁系统、移动支付等。

◎ **医学影像分析**：辅助医生从 X 光片、CT、MRI 等医学影像中识别病灶，如肿瘤检测、眼底病变筛查。

◎ **图像分割**：将图像中的每个像素分配到一个类别，实现对图像内容的精细化理解（如自动驾驶中区分道路、天空、建筑物、行人）。

2. 循环神经网络（Recurrent Neural Network，RNN）/ 长短期记忆网络（Long Short-Term Memory，LSTM）/ Transformer：理解语言和序列的 "高手"

CNN 擅长处理空间数据，而 RNN 及其变种则特别擅长处理序列数据（Sequential Data），即数据点之间存在先后顺序关系的数据，比如文本（词语的序列）、语音（音素的序列）、时间序列数据（如股票价格、气温变化）。

（1）RNN 的特征

RNN 的核心特点是它具有 "记忆" 能力。网络中的神经元不仅接收当前的输入，还会接收来自上一个时间步的隐藏状态输出。这种循环结构使得 RNN 能够捕捉到序列中的上下文信息和长期依赖关系。

（2）RNN 的应用

RNN 在自然语言处理（NLP）和语音处理等领域发挥着核心作用。

◎ **机器翻译**：将一种语言的文本自动翻译成另一种语言（如谷歌翻译、有道翻译）。

◎ **语音识别**：将人类的语音转换成文字（如手机语音助手、语音输入法）。

◎ **文本生成**：自动生成符合语法和语义的文本，如新闻摘要、诗歌创作、代码生成，甚至像 ChatGPT 一样进行多轮对话。

◎ **情感分析**：判断一段文本所表达的情感是积极、消极还是中性（如分析用户对产品的评论）。

◎ **问答系统**：根据用户提出的问题，从知识库或文本中找到并给出答案。

3. 生成对抗网络（Generative Adversarial Network，GAN）：能 "创造" 新东西的 "艺术家"

（1）GAN 的特征

GAN 是一种非常巧妙且强大的无监督学习模型，它的目标是学习数据的潜在分布，并生成新的、与真实数据相似的数据样本。GAN 的独特之处在于它包含两个相互竞争的神经网络：

◎ **生成器**：它的任务是学习真实数据的分布，并尝试生成 "以假乱真" 的新数据。比如，从随机噪声开始，生成一张看起来像人脸的图片。

◎ **判别器**：它的任务是判断一个给定的数据样本是来自真实数据集，还是由生成器伪造的。它就像一个 "警察"，努力分辨 "真品" 和 "赝品"。

这两个网络在训练过程中进行"对抗"或"博弈"。生成器努力提高自己的伪造技巧，让判别器无法分辨；判别器则努力提高自己的鉴别能力，准确识破生成器的伪造。通过这种对抗训练，最终生成器能够生成非常逼真的数据，而判别器也具备了很强的分辨能力。

（2）GAN 的应用

GAN 在数据生成和图像处理方面有很多有趣的应用。

◎ **图像生成**：生成逼真的人脸、风景、艺术品等（例如，网络上那些不存在的"虚拟网红"头像）。

◎ **图像修复/超分辨率**：将低分辨率或有损坏的图片修复成高清晰度的图片。

◎ **风格迁移**：将一张图片的风格（如梵高的油画风格）应用到另一张图片上。

◎ **数据增强**：在训练数据不足时，利用 GAN 生成更多样化的训练样本，以提高模型的泛化能力。

◎ **药物发现**：生成具有特定性质的新分子结构。

深度学习和各种神经网络模型是当前 AI 技术浪潮的核心驱动力。它们使得机器能够从海量复杂数据中自动学习有用的表示，从而在许多曾经被认为是人类专属的智能任务上取得了突破性进展。对于大学生来说，虽然不一定需要深入研究这些模型的数学原理，但了解它们的基本思想、特点和应用场景，将有助于更好地理解和应用相关的 AI 技术。

2.3 AI 的"智慧食粮"与基石

扫码看微课
对应视频：2.3 AI 的"智慧食粮"与基石

如果说机器学习算法和神经网络模型是 AI 的"大脑"和"引擎"，那么数据就是驱动这一切运转的"燃料"和"食粮"。没有充足、高质量的数据，再先进的算法也难以发挥作用。在人工智能领域，有一句广为流传的话："无数据，不智能"。

2.3.1　数据的来源：AI 从哪里"吃饭"？

既然数据如此重要，那么 AI 模型训练所需的海量数据都从哪里来呢？数据的来源非常广泛，主要包括：

（1）互联网数据：这是目前最大的数据来源之一。

（2）网页文本：新闻、博客、论坛、百科全书等，为自然语言处理模型提供了丰富的语料。

（3）图像和视频：图片分享网站、视频网站上有海量的用户上传的视觉数据。

（4）社交媒体数据：用户在微博、微信朋友圈等平台上发布的帖子、评论、互动记录，包含了大量关于用户兴趣、观点、行为的信息。

（5）物联网（IoT）设备产生的传感器数据：随着物联网技术的发展，越来越多的设备连接到网络并产生数据。

（6）智能家居设备：智能音箱收集语音指令，智能摄像头记录监控视频，智能恒温器记录温度数据。

（7）可穿戴设备：智能手环、智能手表记录用户的运动、睡眠、心率等健康数据。

（8）工业传感器：工厂生产线上的各种传感器实时监测设备的运行状态（温度、压力、振动、电流等），产生大量的工业数据。

（9）智能交通系统：道路上的摄像头、雷达、GPS 设备产生交通流量、车辆轨迹等数据。

（10）企业业务系统数据：企业在日常运营中积累了大量有价值的数据。

（11）企业资源规划（ERP）系统：包含生产、库存、供应链、财务等各方面的数据。

（12）交易数据：电商平台的订单记录、银行的交易流水等。

（13）公开数据集与行业数据库：

◎　学术研究机构和大型科技公司会发布一些标准化的公开数据集，供研究人员和开发者使用，如 ImageNet（图像）、MNIST（手写数字）、SQuAD（问答）、COCO（物体检测）等。这些数据集对于推动 AI 算法的发展起到了重要作用。

◎　政府和行业组织也可能开放一些公共数据，如气象数据、地理信息数据、医疗统计数据等。

（14）人工采集与众包标注数据：对于某些特定任务，可能需要专门采集或通过众包平台雇人进行数据标注。

这些不同来源的数据，共同构成了 AI 学习和成长的"智慧食粮"。

2.3.2 大数据技术：支撑海量数据处理

我们知道，现代 AI 特别是深度学习的成功，离不开海量数据的支持。动辄 GB、TB 甚至 PB 级别的数据，已经远远超出了传统单台计算机的处理能力。这时，就需要大数据技术来帮忙了。

大数据技术指的是一整套用于采集、存储、处理、分析和可视化大规模数据集的技术和工具。它们的核心思想通常是分布式计算和存储，即将庞大的数据和计算任务分散到多台计算机（集群）上并行处理，从而大大提高效率。

对于 AI 来说，最重要的大数据技术能力包括：

◎ **分布式存储**：能够将海量数据安全、可靠地存储在计算机集群中。最著名的代表是 Hadoop Distributed File System（HDFS）。HDFS 可以将大文件切分成小的数据块，分布存储在集群的多个节点上，并提供数据冗余备份，保证数据的高可用性。

◎ **分布式计算**：能够对存储在分布式系统中的海量数据进行高效的并行计算。

◎ **MapReduce**：是 Hadoop 生态系统中的一个核心计算框架。它将复杂的计算任务分解为两个主要阶段："Map"（映射）阶段负责对数据进行初步处理和分组，"Reduce"（规约）阶段负责对 Map 阶段的结果进行汇总和整合。

◎ **Apache Spark**：是一个比 MapReduce 更快速、更通用的分布式计算引擎。Spark 支持内存计算，大大减少了磁盘 I/O 的开销，因此在迭代计算（如机器学习算法训练）和交互式数据分析方面表现非常出色。Spark 还提供了丰富的组件库，如 Spark SQL（用于结构化数据处理）、Spark Streaming（用于实时流数据处理）、MLlib（机器学习库）和 GraphX（图计算库）。

这些大数据技术为 AI 提供了处理海量训练数据所必需的基础设施。例如，在训练一个大规模的图像识别模型时，可能需要从 HDFS 中读取数百万张图片，然后利用 Spark 集群进行分布式的特征提取和模型参数更新。没有这些大数据技术的支撑，很多先进的 AI 算法就如同"巧妇难为无米之炊"，难以发挥其威力。

了解大数据技术的基本概念和常用工具，特别是在数据采集、清洗、存储和初步分析方面的应用，将有助于更好地理解 AI 项目的数据处理流程，并在未来的工作中更好地与数据打交道。

2.4 硬件加速：AI 的"强大心脏"与算力保障

在数字时代的日常中，你是否想过：为何好友推荐总能精准到位？为何网购平台能预测你的喜好？这一切的背后，是人工智能核心技术——数据、算法与交互——在默默构建智能世界的基石。

当看到 AI 既能识别好友面部，又能规划自动驾驶，甚至能理解"梅开二度"的语义时，相信你会感受到：技术革命的本质，是让机器更懂人类世界的复杂之美。而这份"懂"，正是从理解这些技术开始。

有了聪明的"大脑"（算法模型）和充足的"食粮"（数据），AI 还需要一颗强大的"心脏"来提供澎湃的动力，这就是计算能力，我们通常称之为算力。特别是对于计算量巨大的深度学习模型来说，强大的算力是其能够快速训练和高效运行的根本保障。

2.4.1 专用 AI 芯片：为 AI "量身定制"的处理器

为了进一步提高 AI 计算的效率和能效比（即单位功耗下能完成的计算量），许多科技公司和芯片制造商开始研发专用的 AI 芯片，也称为 AI 加速器。

这些专用 AI 芯片是根据 AI 算法（特别是神经网络）的计算特点进行"量身定制"的，它们在硬件架构上针对 AI 的核心运算（如矩阵乘法、卷积运算）进行了深度优化，通常能够实现比通用 GPU 更高的性能和更低的功耗。

几种常见的专用 AI 芯片类型：

◎ **TPU（Tensor Processing Unit，张量处理单元）**：由 Google 公司研发，专门为其自家的 TensorFlow 深度学习框架和 AI 应用（如谷歌搜索、谷歌翻译、AlphaGo）进行加速。TPU 在处理大规模矩阵运算方面效率极高。

◎ **NPU（Neural Processing Unit，神经网络处理单元）**：这是一个更通用的术语，泛指各种专门用于加速神经网络运算的处理器。许多芯片公司（如华为的海思麒麟芯片中的 NPU、苹果的 A 系列和 M 系列芯片中的神经网络引擎）都在其移动设备或服务器芯片中集成了 NPU，以提升设备端 AI 应用的性能，如手机上的人脸识别、智能拍照、语音助手等。

◎ FPGA（Field-Programmable Gate Array，现场可编程门阵列）：FPGA 是一种半定制芯片，其硬件逻辑可以在制造完成后由用户根据需要进行编程配置。这使得 FPGA 在某些特定 AI 应用中可以实现高度定制化的加速，具有灵活性和较低的开发周期。

◎ ASIC（Application-Specific Integrated Circuit，专用集成电路）：这是为特定应用（如某种特定的 AI 算法）完全定制设计的芯片，性能和能效比通常是最高的，但开发成本和周期也最长，灵活性较低。

专用 AI 芯片的出现，进一步推动了 AI 技术在各种设备和场景中的普及，从云端数据中心到边缘设备（如智能手机、智能摄像头、自动驾驶汽车），都能看到它们的身影。

2.4.2 云计算平台：触手可及的 AI 算力

对于许多中小型企业、研究机构或个人开发者来说，购买和维护昂贵的高性能 GPU 集群或专用 AI 芯片服务器，是一笔不小的开销。幸运的是，云计算（Cloud Computing）的出现，使得强大的 AI 算力变得触手可及。

大型云计算服务提供商，如中国的阿里云（图 2-6）、腾讯云、华为云，以及微软的 Azure 等，都在其云平台上提供了丰富的 AI 相关的计算资源和服务。

图 2-6　阿里云服务器

用户可以通过云计算平台：

◎ **按需租用强大的计算实例**：可以根据自己的需求，灵活租用配备了高性能 GPU 或专用 AI 芯片的虚拟机实例，用于训练 AI 模型或运行 AI 应用。用多少，付多少，无需一次性投入大量硬件成本。

◎ **使用托管的 AI 平台和服务**：云平台通常还提供一站式的机器学习平台（如：腾讯云 TI-ONE、阿里云 PAI、华为云 ModelArts 等），集成了数据存储、数据预处理、模型训练、模型部署、模型监控等功能，大大简化了 AI 应用的开发和管理流程。

◎ **利用预训练模型和 API**：云平台还提供了许多预训练好的 AI 模型（如图像识别、语音识别、自然语言处理模型），用户可以通过 API 接口直接调用这些模型的功能，快速将 AI 能力集成到自己的应用中，而无需自己从头训练模型。

云计算极大地降低了 AI 研发和应用的门槛，使得更多的企业和开发者能够利用强大的算力来进行 AI 创新，加速了 AI 技术的普及和发展。

总而言之，强大的硬件算力是支撑现代人工智能（特别是深度学习）发展的关键物质基础。从通用的 CPU，到为并行计算而生的 GPU，再到为 AI 量身定制的专用 AI 芯片，以及提供普惠算力的云计算平台，这些"强大心脏"共同为 AI 的飞速发展注入了源源不断的澎湃动力。

2.5 AI 的"建造工具箱"

有了聪明的算法、充足的数据和强大的硬件，我们还需要称手的"工具"才能高效地将这些要素组织起来，搭建出实际可用的 AI 应用。在 AI 领域，这些"工具"主要包括编程语言、AI 框架以及各种开发环境。它们共同构成了 AI 开发者的"建造工具箱"。

2.5.1 编程语言：Python 为何成为 AI "C 位"？

如果你关注 AI 技术新闻或者尝试了解 AI 编程，你很可能会发现一个现象：Python 语言几乎无处不在，成为当今人工智能和数据科学领域事实上的"C 位"编程语言。为什么 Python 如此受 AI 开发者的青睐呢？Python 的主要用途如图 2-7 所示。它还有以下特点：

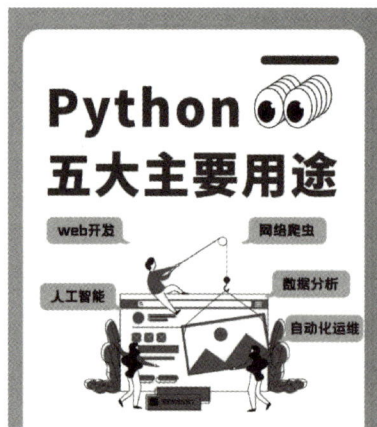

图 2-7　Python 的主要用途

◎ **简洁易学，语法优雅**：Python 的语法设计非常简洁、清晰，接近自然语言，容易上手，即使是编程初学者也能较快掌握。这使得开发者可以将更多精力放在解决问题本身，而不是纠结于复杂的语法细节。

◎ **丰富的第三方库生态系统**：这是 Python 在 AI 领域成功的关键因素。Python 拥有一个极其庞大且活跃的开源社区，贡献了大量高质量的第三方库，专门用于科学计算、数据分析、机器学习和深度学习。

◎ **NumPy**：提供了强大的多维数组对象和高效的数组运算功能，是 Python 进行科学计算的基础库。

◎ **Pandas**：提供了高性能、易用的数据结构（如 DataFrame）和数据分析工具，使得数据清洗、处理、转换和分析变得非常方便。

◎ **Matplotlib / Seaborn**：流行的 Python 数据可视化库，可以轻松绘制各种统计图表。

◎ **Scikit-learn**：一个非常全面且易用的传统机器学习库，包含了各种分类、回归、聚类、降维、模型选择、预处理等算法。

◎ **TensorFlow / PyTorch / Keras**：主流的深度学习框架，它们都提供了 Python 接口。这些库极大地简化了 AI 算法的实现和数据处理的流程，开发者无需从零开始"造轮子"。

◎ **强大的社区支持和丰富的学习资源**：Python 拥有全球最大的开发者社区之一。无论你遇到什么问题，都很容易在网上找到相关的教程、文档、问答和开源项目。这为学习和开发提供了极大的便利。

◎ **胶水语言特性**：Python 很容易与其他语言（如 C/C++）编写的模块进行集成。一些计算密集型的底层操作可以用 C/C++ 实现以保证性能，然后用 Python

封装调用，兼顾了开发效率和运行效率。

◎ **跨平台性**：Python 代码可以轻松地在 Windows、Linux、macOS 等不同操作系统上运行。

虽然其他语言（如 C++，Java，R，Julia 等）在 AI 领域也有应用，但 Python 凭借其上述优势，成为绝大多数 AI 研究人员、数据科学家和工程师的首选语言，特别是在算法原型验证、模型开发和数据分析阶段。

对于大学生来说，如果想涉足 AI 相关领域，学习 Python 语言的基础知识，并了解其在数据处理和机器学习方面的常用库，将是一个非常好的起点。

2.5.2 主流 AI 框架：让 AI 开发更简单高效

如果说 Python 是建造 AI 大厦的"砖瓦水泥"，那么 AI 框架或深度学习框架就是帮助我们快速搭建神经网络这座"骨架"的"脚手架"和"预制模块"。

深度学习模型的构建和训练涉及复杂的数学运算（如梯度计算、反向传播）、网络层定义、优化器选择、损失函数设计等。如果每次都要从底层手动实现这些，无疑是非常低效且容易出错的。AI 框架就是为了解决这个问题而生，它们将这些常用的功能和组件封装起来，提供了更高层次、更易用的 API 接口，让开发者能够更专注于模型结构的设计和实验，而不是底层的实现细节。

目前，业界主流的深度学习框架主要有：

1. PaddlePaddle（百度飞桨）：

百度飞桨由百度公司开发并开源的中国首个自主研发、功能完备的产业级深度学习平台（飞桨总部如图 2-8 所示）。

图 2-8 百度飞桨总部

特点：

（1）易学易用：提供了友好的 API 接口，对中文开发者支持良好。

（2）功能全面：支持深度学习核心框架、模型库、工具组件和服务平台全功能。

（3）产业级应用：强调与产业应用的结合，在自然语言处理、计算机视觉、推荐系统等领域有丰富的模型库和应用案例。

（4）国产化生态：积极构建国内的 AI 开发者生态。

2. TensorFlow（Google）：

由 Google Brain 团队开发并开源，是目前工业界应用最广泛的深度学习框架之一。

特点：

（1）强大的生态系统：TensorFlow 拥有非常完善的工具链和社区支持，包括用于模型可视化和调试的 TensorBoard、用于模型部署到移动和嵌入式设备的 TensorFlow Lite、用于在浏览器中运行模型的 TensorFlow.js，以及大量预训练模型和教程。

（2）支持静态计算图：TensorFlow 1.x 版本主要基于静态计算图（Define-and-Run 模式），即先定义好整个计算流程图，然后再执行。这有助于进行全局优化和高效部署。TensorFlow 2.x 版本开始默认支持动态计算图，更易于调试。

（3）跨平台部署：支持在 CPU、GPU、TPU 以及各种移动和边缘设备上运行。

（4）Keras 集成：Keras 是一个非常流行的高层神经网络 API，以用户友好和快速原型开发著称。它现在已经作为 TensorFlow 的官方高级 API 被深度集成。

3. PyTorch（Facebook / Meta AI）：

由 Facebook（现 Meta）的人工智能研究团队（FAIR）开发并开源，近年来在学术界和研究领域获得了极大的欢迎，并在工业界也迅速普及。

特点：

（1）动态计算图：这是 PyTorch 的一大特色（也称为 Define-by-Run 模式）。计算图是在代码运行时动态构建的，这使得模型结构更加灵活，调试更加直观方便，非常适合研究和快速迭代。

（2）Pythonic 风格：PyTorch 的 API 设计与 Python 的编程风格非常契合，对于熟悉 Python 的开发者来说非常自然和易用。

（3）强大的社区和活跃的研究生态：许多最新的研究成果和论文代码都优先使用 PyTorch 实现。

（4）易于上手和调试：由于其动态特性，调试 PyTorch 代码就像调试普通的 Python 程序一样简单。

（5）TorchServe / TorchX：提供了模型部署和生产化工具。

目前，TensorFlow 和 PyTorch 是深度学习框架领域当之无愧的两大巨头，它们各有优势，选择哪个主要取决于个人偏好、项目需求和团队技术栈。它们的 LOGO 如图 2-9 所示。

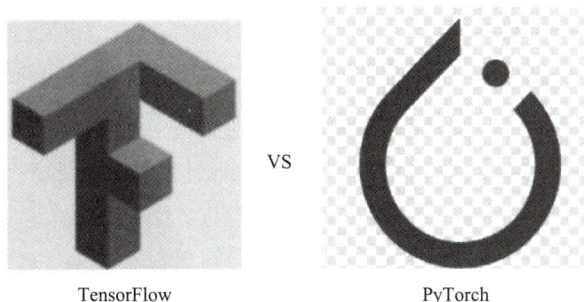

图 2-9　TensorFlow 和 PyTorch 的 LOGO

这些 AI 框架的作用，就像是为 AI 开发者提供了一套高度集成化、模块化的"乐高积木"。你可以利用这些"积木"（如预定义的网络层、激活函数、优化器、损失函数），快速地搭建出自己想要的神经网络模型，而无需关心每个"积木"内部复杂的制造工艺。这极大地加速了 AI 技术的研发和应用进程。

2.6　AI 系统如何协同工作

前面我们分别介绍了机器学习、深度学习与神经网络、数据、硬件加速、软件与框架等人工智能背后的关键技术。那么，这些技术在一个实际的 AI 应用中是如何协同工作的呢？让我们以一个大家日常生活中可能都接触过的 AI 应用为例，来拆解一下它背后的技术融合——手机拍照的智能美颜功能。

当你打开手机相机，对准自己，开启美颜模式，屏幕上的你立刻皮肤变得光滑细腻、眼睛更有神采、脸型也可能被悄悄优化了。这个看似简单的"一键美颜"，背后其实是一个复杂 AI 系统的精密运作。

让我们来一步步拆解：

2.6.1　数据层面：美颜 AI 的"学习素材"

1.需要哪些训练数据？

（1）海量人脸图像：需要收集成千上万甚至数百万张不同人种、年龄、性别、肤色、光照条件、姿态、表情的人脸图片。这些图片的多样性至关重要，决定了美颜算法的普适性和鲁棒性。

（2）人脸关键点标注数据：对于每一张人脸图片，需要专业的数据标注员精确地标注出面部的关键点，比如眼睛的轮廓、瞳孔位置、眉毛、鼻子、嘴唇轮廓、脸部轮廓线等。通常一张脸需要标注几十个甚至上百个关键点。这些带标注的数据是训练人脸检测和关键点定位模型的基础。

（3）美学评估数据：为了让美颜效果更符合大众审美，可能还需要一些"美学评分"数据。比如，让人工对不同美颜效果的图片进行打分，或者提供一些"美颜前"和"美颜后（由专业修图师处理）"的配对图片，让模型学习什么是"好看的"美颜。

（4）皮肤瑕疵数据：专门收集带有痘痘、色斑、皱纹等皮肤瑕疵的图片，并进行标注，用于训练专门的皮肤处理模型。

2. 如何收集和标注？

收集：可能来自公开人脸数据集、与摄影机构合作、用户授权上传（需严格遵守隐私法规），或者内部拍摄。

标注：大量的人工标注工作。数据标注公司或团队会使用专业的标注工具，对每一张图片进行精细化的关键点标注和属性标注。这个过程成本高、耗时长，但对最终效果至关重要。

2.6.2 算法层面：美颜 AI 的"智能核心"

智能美颜通常涉及多个 AI 模型的协同工作：

1. 人脸检测模型

作用：当你打开相机时，首先需要快速准确地在画面中找到人脸的位置。

可能用到的技术：通常基于深度学习的卷积神经网络（CNN），如 MTCNN、RetinaFace 等。这些模型通过在大量人脸图片上进行监督学习训练，能够高效地检测出图像中的人脸区域。

2. 人脸关键点定位模型

作用：在检测到的人脸区域内，进一步精确定位出眼睛、鼻子、嘴巴等数十个甚至上百个关键点的精确坐标。这是后续所有美颜操作的基础。

可能用到的技术：同样基于 CNN，模型输入人脸区域图片，输出关键点坐标。训练数据就是带有精确关键点标注的人脸图片。

3. 图像分割模型

作用：更精细的美颜可能需要将人脸的不同区域（如皮肤、头发、嘴唇、眼睛）分割出来，以便进行针对性的处理。

可能用到的技术：基于 CNN 的语义分割或实例分割模型（如 U-Net）。

4.美颜效果生成模型

皮肤处理：包括磨皮/祛痘/祛斑、肤色调整/美白等。

五官调整：包括大眼/瘦脸/挺鼻等，主要基于检测到的关键点，通过图像变形算法（如液化 Warping）对特定区域进行微调。这些调整参数可能是预设的，也可能是由 AI 模型根据美学原则学习得到的。

表情/姿态识别模型：某些高级美颜功能可能会根据用户的表情或头部姿态动态调整美颜参数，以达到更自然的效果。可能用到基于 CNN 或 RNN/Transformer 分析人脸关键点序列或图像序列。

这些算法模型通常是预先在云端或高性能服务器上用大量数据训练好的。

2.6.3　软件层面：美颜 AI 的"开发工具"

1.编程语言

模型的训练和核心算法的开发，很可能主要使用 Python，因为它有丰富的 AI 库和框架支持。手机端 App 的开发，则会使用对应平台的原生语言，如 Android 平台的 Java/Kotlin，iOS 平台的 Swift/Objective-C。

2. AI 框架

在模型训练阶段，会使用 TensorFlow、PyTorch 等主流深度学习框架来构建、训练和优化上述的 CNN、GAN 等模型。

模型转换与优化工具：训练好的大型模型通常需要进行压缩和优化（如量化、剪枝），才能部署到计算资源和功耗受限的手机端。会用到 TensorFlow Lite，PyTorch Mobile，Core ML（Apple），SNPE（Qualcomm），HiAI（Huawei）等模型转换和推理引擎工具。

图像处理库：OpenCV 等经典的计算机视觉和图像处理库，可能会被用于一些辅助性的图像操作。

2.6.4　硬件层面：美颜 AI 的"运行平台"

1.模型训练：通常在配备了高性能 GPU（如 NVIDIA 的 Tesla/A100/H100 系列）或专用 AI 芯片（如华为的昇腾 910 芯片）的服务器集群或云计算平台上进行，因为训练过程计算量巨大。

2.CPU：对于一些简单的 AI 任务或作为备用，手机的 CPU 也可以运行。

3.GPU：现代智能手机的 GPU 也具备一定的并行计算能力，可以加速部分 AI 运算。

4.NPU/APU/DSP（专用 AI 加速单元）：这是关键！现在很多中高端智能手机的 SoC

芯片（如高通骁龙、联发科天玑、苹果 A 系列 /M 系列、华为麒麟）都集成了专门的神经网络处理单元（NPU）、AI 处理单元（APU）或数字信号处理器（DSP）的 AI 加速核心。这些硬件单元专门为 AI 运算优化，能够在低功耗下高效执行人脸检测、关键点定位等任务，保证美颜效果的实时流畅。手机厂商通常会提供相应的 SDK（软件开发工具包），让 App 开发者能够调用这些硬件加速能力。

一个流畅的手机智能美颜体验，清晰地展示了数据、算法、软件、硬件这四大技术支柱是如何紧密配合、协同工作，共同支撑起一个看似简单的 AI 应用的。任何一个环节的缺失或薄弱，都可能影响最终的用户体验。这也说明了 AI 是一个多学科交叉、高度依赖工程实践的领域。

2.7 拓展阅读

杭州六小龙：硬科技时代的"小巨人"

2025 年伊始，杭州再次站上全球科技创新的聚光灯下。宇树科技、深度求索、游戏科学、群核科技、强脑科技、云深处科技——这六家平均成立时间不足十年的科技企业，以足式机器人、AI 大模型、3A 游戏、云设计软件、脑机接口等高壁垒领域为切口，在垂直场景中撕开技术枷锁，成为全球产业链中不可忽视的"隐形冠军"。截至 2024 年末，六家企业总估值突破 3000 亿元。它们的崛起，不仅折射出中国民营经济的创新韧性，更揭示了硬科技时代中小企业的发展密码。

1. 为什么是杭州？

杭州"六小龙"（图 2-10）的集体崛起，可以说是中国民营经济进入"硬核创新"阶段的一种标志。今年 2 月，《经济学人》在对 DeepSeek 的报道中将杭州比作"中国硅谷"。

著名经济学家钱颖一教授分析硅谷模式的成功之处，主要在于硅谷文化制度上的特殊性。美国加州大学教授安纳利·萨克森宁是最早研究硅谷的学者之一，在其著作《区域优势：硅谷与 128 号公路的文化和竞争》中深入探讨了硅谷的崛起，强调了开放与竞争的区域氛围、充裕的人才供给、新兴的技术趋势及金融支持体系，尤其是区域创新系统的重要性。他强调，科技型中小企业成长中一个重要的外部环境就是文化土壤和氛围。128 公路在波士顿，哈佛、马萨诸塞州就在边上。128 公路和硅谷先后起步，甚至 128 公路比硅谷起步还早，但最后衰落，而斯坦福边上的硅谷却发展了起来。安纳利·萨克森宁教授得出一个结论，主要是两种文化差异造成了这个结果。硅谷文化是创新文化，不拘小节的，敢于冒险，而波士顿，大纽约地区，属于新英格兰地区，都是贵

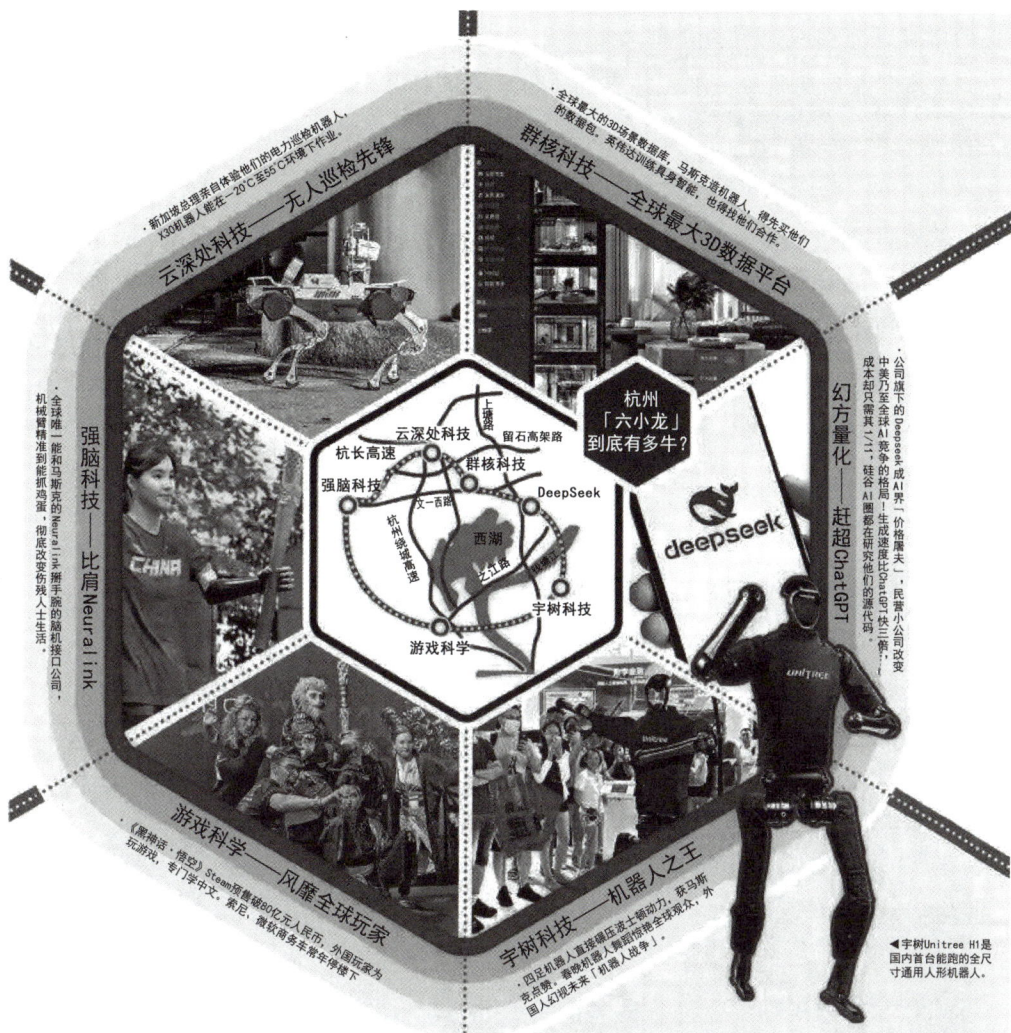

图 2-10　杭州六小龙

族精神，讲究等级、秩序，比较保守。

杭州"六小龙"虽各具特色，但都受益于杭州的创新要素和创新系统。这些创新要素和创新系统构成了杭州"雨林式"生态的区域优势，形成了类似于硅谷的创新生态系统。

其一，杭州地处中国制造业的心脏地带——长三角的中心，周边有宁波市、嘉兴市、绍兴市、桐庐县、金华义乌市等城市，中小企业星罗棋布，形成了"实体＋互联网"深度融合的创新发展模式，分工协作非常发达，产业链很完整，配套能力特别强。杭州机器人生产已形成百公里产业圈，伺服电机来自宁波的企业，铝合金骨架由台州模具企业定制，整套供应链的响应速度比欧美国家快4倍。以宇树机器人为例，伺服电机、减速器、控制器、编码器和激光雷达等核心部件的国产化替代率超90%，其中

80%的零部件可在杭州城西科创大走廊3公里半径内采购。所以杭州这六个机器人企业，只要有了互联网思维，很快就能找到合适的供应商，并在短时间内建立起供应链。

其二，浙江大学（图2-11）作为国内顶尖学府，其理工科教育实力雄厚，产学研结合成效显著。浙江大学之于杭州，犹如斯坦福之于硅谷，在"六小龙"中有一半和浙大关系紧密，DeepSeek、云深处科技和群核科技的创始人都毕业于浙江大学。根据研究公司胡润发布的资产超50亿元人民币的富豪榜，许多浙大校友们跻身中国最富有企业家之列。其中包括电子商务巨头拼多多的创始人黄峥和OPPO、vivo创始人段永平。

浙江大学年均输送1.5万名毕业生，其中40%留在杭州，直接填补数字经济人才缺口。杭州的产业需求倒逼浙大调整学科设置，例如2017年设立人工智能本科专业，早于全国多数高校。

图2-11　浙江大学鸟瞰一角

其三，阿里巴巴、网易、蚂蚁集团等科技巨头的存在，为杭州带来了强大的技术、人才溢出效应。这些大厂在发展过程中，不断培养和输送了大量的软件工程师、创业者、风险投资者等优秀人才，不仅为杭州输出了技术和管理经验，更通过频繁的人才流动形成"互联网黄埔军校"，例如DeepSeek创始人梁文峰曾任职阿里达摩院，这种"裂变式创业"成为新企业诞生的催化剂。

传统经济中，龙头企业往往挤压中小企业的生存空间，但阿里却形成了"大树底下长森林"的格局，其核心在于智能经济的超大规模效应。此外，阿里的云计算、大数据等技术外溢为中小企业提供了基础设施。比如，DeepSeek 能在 AI 大模型领域实现"暴力低价"杀入市场，很大程度上依赖于阿里云提供的算力支持，使得 AI 模型训练时间缩短 40%，研发成本降低 35%。这一数字经济基础，远远不是仅靠政策补贴能换来的，而是杭州多年积累下来的产业优势。

其四，"有效市场"与"有为政府"紧密结合。杭州自 2014 年提出"信息经济一号工程"，逐步从电商转向硬科技，2024 年数字经济占比达 28.8%。政府通过"8+4"经济政策体系，市级财政资金超 500 亿元，重点投向新质生产力领域。杭州市政府以"无事不扰、有求必应"为原则，提供精准支持，比如快速响应机制，在宇树科技濒临破产时，政府通过专项补贴和资本对接助其重生；容错制度，推行"企业观察期"，对创新失败项目实行"非惩罚性审计"，降低试错成本；场景开放，例如电力隧道机器人试点项目，为企业提供真实的应用场景，加速技术迭代。

杭州的创新生态如同繁茂的热带雨林，既有参天大树（龙头企业），也有灌木丛（中小微企业），更有滋养万物的土壤（政策、资本、文化）。据悉，杭州在"万家民营企业评营商环境"连续 5 年获全国城市第 1，连续 3 年居全球百强科技集群城市排名第 14 位，创新能力指数排名居全国第 4。

2. 六小龙是典型的"小巨人"

在人工智能大模型竞争这场巨头的盛宴中，中小企业，尤其是创新型中小企业在产业链条中至关重要。20 世纪对美国和世界有巨大影响的 65 项发明，基本上都来自个人及中小企业。过去 25 年中，美国近四分之一的大型上市科技公司是中小微企业，Meta 和 Zoom Video Communications 就是其中之一。苹果（Apple）、亚马逊（Amazon）、谷歌（Google）、特斯拉（Tesla）等世界著名企业，都是从小到大，超常规发展，迅速成长为独角兽和巨无霸。

美国学者保·伯林翰在《小巨人：不做大也能成功的经营新境界》一书中，通过对美国本土"小巨人"企业的研究发现，这些中小企业虽然不像微软、苹果那样尽人皆知，但却成功地克服了无休止增长带来的压力，拒绝扩张，广泛纳言，养精蓄锐，妥善决策企业的发展程度和速度。

"小巨人"企业是中小企业中的佼佼者，有数据显示，专精特新"小巨人"企业中超九成是国内外知名大企业的配套供应商，超八成分布在集成电路、航空航天等新兴产业的产业链上，超六成深耕工业基础领域。

杭州六小龙是典型的"小巨人"企业，他们的共同点是寻求技术突破、重视研发、坚持长期主义、具备全球视野。"杭州六小龙"这 6 家企业成立时间不长，最长的 13 年，最短的仅 1 年半，平均 7 年，均为中小微企业，却能凭借在垂直细分领域的深耕细作在全球科技竞技场上开辟出独特的生态位。

从 XDog 到 H1 人形机器人，王兴兴和宇树科技十年深耕底层技术迭代，证明硬科技需要马拉松式的持续投入而非短跑冲刺。2025 年 2 月，群核科技正式向港交所递交了招股书，成为杭州"六小龙"中第一家启动上市的企业。

在 DeepSeek 的官方微信公众号上，有一段简洁但有力的介绍语："投身于探索 AGI 的本质，不做中庸的事，带着好奇心，用最长期的眼光去回答最大的问题。"在 AI 领域，梁文峰深知算力和数据是制约发展的关键因素。他敏锐地察觉到降低推理模型成本、节省算力和数据量的重要性，带领团队专注于这一方向的研究，在底层架构上开创了全新的 MLA（多头潜在注意力机制）和 DeepSeekMoESparse 结构，并坚持"开源＋生态共建"的策略，最终训练出了"AI 界的拼多多"。

在算力军备竞赛愈演愈烈的 AI 时代，杭州六小龙用"小而美"的专精突破，在 AI 垂直应用、基础架构、智能硬件等关键战场撕开缺口，为中国硬科技突围提供着极具启示性的战略新范式。

3. 中小企业的进阶密码

在我国，优质中小企业的晋升路径就像"金字塔"（图 2-12），塔基是创新型中小企业，往上是"专精特新"中小企业，再往上是专精特新"小巨人"企业，塔尖则是制造业单项冠军企业。截至 2024 年，工信部统计显示专精特新中小企业超 14 万家、专精特新"小巨人"企业 1.46 万家、制造业单项冠军企业 1557 家、国家级中小企业特色产业集群 300 多个、高新技术企业总数近 50 万家。

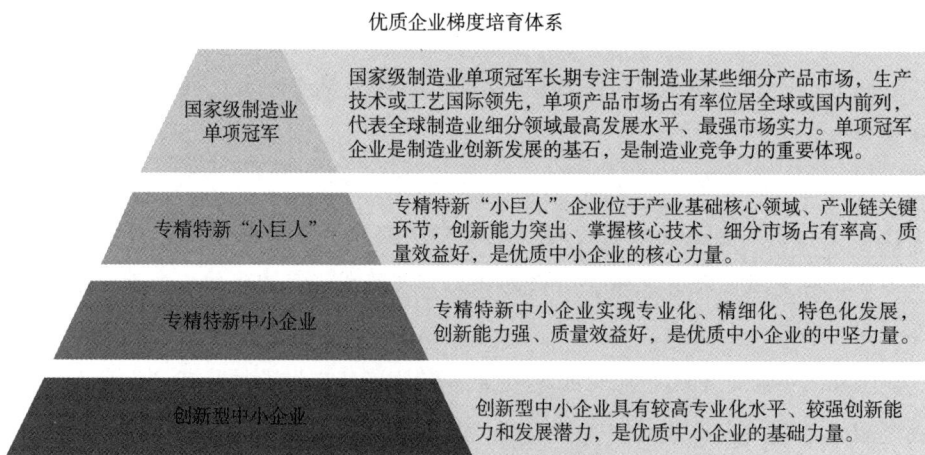

图 2-12　优质企业梯度培育体系

2021 年，中制智库联合中国教育电视台、凤凰网财经等共同发起"隐形冠军示范工程"，按照"优中选优，做好示范"的工作思路，重点记录和展示制造业细分领域头部企业的成就与成长历程，揭示其核心竞争力密码，促进中国企业走向全球价值链中高端、推动我国制造业由大变强，为我国制造业企业提质升级和培育世界级"隐形冠军"提供参考。

"隐形冠军"节目是国内首档解构细分领域"隐形冠军"大型原创节目，由知名主持人携手观察员孙冶方经济科学奖获奖者新望博士走进企业深度探访，旨在发现冠军企业基因、讲好冠军企业故事、展示冠军企业魅力。节目采用"访谈＋外拍"纪实拍摄的手法，包含整体组织、策划、拍摄、制作等；同时，兼顾公信力与影响力的专业输出，形成以中国教育电视台（覆盖数亿观众的全国落地的卫星频道）、凤凰网1亿财经用户及中制智库新媒体的生态矩阵整合宣传。

走专精特新发展之路，培育一批专精特新中小企业，是国家的一项重大战略决策，是中国制造由大到强的基础支撑。而专精特新也是当前中小企业发展的基本路径，是新时期创新驱动引领发展的大背景下，实现广大中小企业高质量发展的必然选择。

如何成长为隐形冠军企业？中制智库认为，应做到四个"专"：第一是产品要专用；第二是市场要专业，你要有这个市场的定价权，标准制定权；第三是企业要专注，拒绝多元化，坚持长期主义，技术至上，做到极端制造，利用自己的专利人才来发展；第四是企业家成为专家，很多专精特新企业的企业带头人都是有工匠精神或者有科学精神的负责人。

在智能革命的深水区，中国隐形冠军正以独特姿态诠释创新韧性。它们不追逐估值泡沫，却在细分领域积累技术势能；不参与概念炒作，却用专利壁垒构筑竞争维度。正如热带雨林中，真正支撑生态的不仅是参天巨木，更是那些深扎地下的根系——这些技术深潜者，正是AI时代最值得期待的生长力量。

2.8 小结

数据采集与处理作为人工智能的基石，通过网络爬虫、API调用等手段获取数据，并经清洗、转换等操作提升数据质量，为后续分析提供支撑。机器学习作为核心驱动，涵盖监督学习、无监督学习等多种算法，能从海量数据中挖掘规律、实现预测与决策。知识图谱以结构化形式表征知识，增强人工智能的语义理解与推理能力。自然语言处理专注于人机语言交互，实现文本的智能分析与生成。人机交互技术致力于优化人与智能系统的交互体验，计算机视觉则赋予机器感知视觉信息的能力。

这些技术相互关联、协同作用，共同构建起人工智能的技术体系。通过学习，我们不仅掌握了各技术的原理与应用场景，还认识到人工智能技术在推动社会发展、变革生产生活方式中的巨大潜力。同时，也明确了当前技术存在的局限性与面临的挑战，如数据隐私保护、算法可解释性等问题，为后续深入研究与探索指明方向。

2.9 习题与讨论

1. 选择题

　　（1）人工智能实现其"智能"的核心技术方法之一是什么？（　　）

　　　　A. 区块链

　　　　B. 云计算

　　　　C. 机器学习

　　　　D. 物联网

　　（2）在人工智能模型训练中，什么被认为是"燃料"，对模型性能至关重要？
（　　）

　　　　A. 算法

　　　　B. 算力

　　　　C. 数据

　　　　D. 硬件

　　（3）经过大量数据训练后，AI 系统形成的一种能够进行预测或决策的数学结构通
常被称为什么？（　　）

　　　　A. 数据库

　　　　B. 算法

　　　　C. 模型

　　　　D. 接口

　　（4）模拟人脑神经元连接方式，用于处理复杂模式识别任务的 AI 技术是什么？
（　　）

　　　　A. 决策树

　　　　B. 遗传算法

　　　　C. 神经网络

　　　　D. 专家系统

　　（5）人脸识别、图像分类等 AI 应用属于人工智能的哪个主要技术分支？（　　）

　　　　A. 自然语言处理

　　　　B. 计算机视觉

　　　　C. 机器人学

　　　　D. 强化学习

2. 填空题

（1）机器学习是人工智能的一个重要分支，它使计算机系统能够从 ＿＿＿＿＿＿＿＿ 中自动学习和改进，而无需进行显式编程。

（2）高质量、大规模的 ＿＿＿＿＿＿＿＿ 是训练出优秀 AI 模型的关键前提。

（3）人工智能系统中的 ＿＿＿＿＿＿＿＿ 是解决特定问题或执行特定任务的计算步骤或规则。

（4）AI＿＿＿＿＿＿＿＿ 是算法在特定数据集上训练后得到的产物，能够对新数据进行预测或分类。

（5）深度学习通常基于复杂的 ＿＿＿＿＿＿＿＿ 网络结构，包含多个隐藏层。

3. 讨论

（1）你认为 AI 技术真的是遥不可及的"魔法"吗？为什么？

（2）尽管 AI 技术引擎日益强大，你认为人类在 AI 系统的设计、开发和应用过程中扮演着哪些不可或缺的角色？

第二篇

人工智能应用

AI

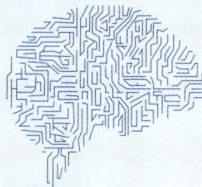

人工智能的行业应用

教学目标

知识目标：

◎ 了解各行业背景，如医疗健康、金融、交通出行等领域。

◎ 了解引入人工智能技术的发展推动力。

◎ 掌握人工智能技术在各行业的典型应用案例。

◎ 了解人工智能是如何从技术层面解决行业痛点、促进产业升级。

◎ 展望行业趋势。

能力目标：

◎ 能够学会思考人工智能在各行业的创新应用方向。

◎ 能够通过多种渠道收集各行业人工智能应用的最新动态与前沿技术进展，并分析行业发展趋势。

◎ 以理性、辩证的视角看待各领域中与人工智能相关的职业。

◎ 提升实践应用能力。

素质目标：

◎ 提升科技创新意识，培养创新思维。

◎ 培养职业道德。

◎ 树立社会责任感。

◎ 树立遵守 AI 法律法规和伦理规范的意识。

2024 年 12 月 26 日，中国自主研发的人工智能平台 DeepSeek-V3 横空出世，凭借多模态推理能力和跨领域知识融合技术，引起了国内外的广泛关注。DeepSeek 上线仅 18 天，全球下载量突破 1600 万次，是同期 ChatGPT 下载量的近两倍。截至 2025 年 2 月 9 日，其累计下载量已突破 1.1 亿次，周活跃用户规模最高接近 9700 万。图 3-1 为 DeepSeek 的使用界面，从编写复杂代码到破解高数难题，从探讨哲学命题到生成商业策略，DeepSeek 全方位的问题解决能力获得了广大用户的点赞。DeepSeek 的成功研发与应用向全球展示了中国在 AI 领域的实力。在十四届全国人大三次会议新闻发布会中，会议发言人娄勤俭表示，DeepSeek 公司取得的重大进展，代表着一批中国公司在人工智能领域的崛起。DeepSeek 公司坚持开放开源的技术路线，开源共享推动了人工智能技术在全球的普遍应用，为世界贡献了"中国智慧"。

图 3-1　DeepSeek 使用界面

从 DeepSeek 等前沿技术的发展态势不难看出，我国人工智能技术正在蓬勃发展，在医疗健康、交通、制造业、物流运输、金融等诸多领域，人工智能的应用场景正不断深化，逐步实现从技术创新到产业落地的突破。本章将紧扣行业背景，结合国内外的最新发展动向，从问题与需求、关键应用场景和未来展望三个角度对人工智能应用领域进行介绍。

3.1 人工智能赋能医疗健康领域

扫码看微课
对应视频：3.1 人工智能赋能
医疗健康领域

3.1.1 为什么医疗健康领域需要 AI？

1. 问题与需求

（1）人口结构变化与医疗需求增长

随着全球人口老龄化进程加快，老年人口占比持续上升（图 3-2）。据我国国家统计局官网公布的《中国统计年鉴 2024》显示，2023 年，中国 65 岁及以上人口数已经达到 21676 万人，老年抚养比为 22.5%。随着老年人口数量的持续增长，社会对医疗服务的需求呈现出显著上升的趋势，在慢性病管理、康复治疗和长期护理等方面的需求尤为突出。同时，生活水平的提升使公众对健康的关注从单一的疾病治疗，逐步转向疾病预防、健康管理与高质量诊疗等多元化服务。这一转变使医疗健康行业面临前所未有的服务压力，迫切需要依托创新技术来提升服务能力与运营效率。

图 3-2　人口老龄化

（2）医疗数据爆发式增长

医疗领域所产生的数据正以指数级速度增长。从电子病历中记录的患者基本信息、病史与诊断结果，到 CT、MRI 等医学影像设备生成的海量图像，再到可穿戴设备实时采集的健康监测数据，医疗数据的规模与复杂性正快速攀升。据估算，全球医疗数据总量每 1.2 年便翻一番。如此庞大而多样的数据资源，不仅为人工智能模型的训练提供了丰富的素材，也推动了医疗行业借助 AI 深入挖掘数据价值，用于辅助诊断、识别疾病及预测病情发展趋势等多方面中。

2. 相关政策支持

近年来，我国的人工智能技术取得了一系列重大突破，深度学习、机器学习等算法不断优化，计算能力的提升以及大数据存储与处理技术的进步，使得人工智能在医疗健康领域的应用越来越广泛。为推动医疗与人工智能技术的深度融合，提升医疗服务效率和质量，我国政府出台了多项相关政策，为人工智能在医疗领域的应用提供了强有力的支持和保障。2021 年 7 月 1 日，国家药监局发布《人工智能医用软件产品分类界定指导原则》，对人工智能医用软件产品管理属性和管理类别进行了界定，明确人工智能医疗软件的范畴和监管要求。进一步提高了人工智能医疗产品的质量和安全性，促进智慧医疗产业的健康发展。2021 年 12 月 12 日，国务院发布《"十四五"数字经济发展规划》，提出要加快推动文化教育、医疗健康等服务业数字化转型，全面促进重点领域数字产业发展。为智慧医疗产业提供了宏观政策指引，明确了其在数字经济发展中的重要地位。2018 年 4 月 28 日，国务院办公厅发布《关于促进"互联网 + 医疗健康"发展的意见》，明确提出推进"互联网 +"人工智能应用服务，研发基于人工智能的临床诊疗决策支持系统，开展智能医学影像识别、病理分型和多学科会诊以及多种医疗健康场景下的智能语音技术应用，提高医疗服务效率；支持中医辨证论治智能辅助系统应用，提升基层中医诊疗服务能力；开展基于人工智能技术、医疗健康智能设备的移动医疗示范，实现个人健康实时监测与评估、疾病预警、慢病筛查、主动干预；加强临床、科研数据整合共享和应用，支持研发医疗健康相关的人工智能技术、医用机器人、大型医疗设备、应急救援医疗设备、生物三维打印技术和可穿戴设备等。

3.1.2　关键应用场景

1. AI 导诊助手

常见的 AI 导诊系统通常集成了自然语言处理、计算机视觉和大数据分析等多项人工智能技术。通过自然语言处理技术，AI 能够准确理解患者的输入信息并智能推送相关操作提示，例如病史收集、症状分析等。利用计算机视觉技术，系统能够实现精确的院内导航，不仅支持文字指示，还能通过实时图像识别帮助患者找到最合适的路径。通

扫码看微课
对应视频：3.1.2 关键应用场景

过大数据分析模型，系统能够根据患者的历史就诊数据提供个性化推荐，还能实时结合医院的挂号情况，动态推荐排队较少的科室。通过这些技术的协同运作，AI 导诊系统为患者提供了细致贴心的交互式服务，进一步优化了医护资源，为医疗行业的数字化转型做出了有力贡献。

近年来，越来越多的医院在积极推动 AI 智能导诊系统落地，"数据多跑腿、患者少跑腿"的智慧医疗服务理念正在全国范围内快速推广，成为推动医疗服务转型升级的重要力量。2024 年 7 月，北京安贞医院依托微信平台推出了"智慧服务平台"小程序，构建了一套以患者为中心的 AI 导诊系统。如图 3-3 所示，患者只需通过手机进入小程序，便会获得一位"全程陪同"的 AI 导诊助手。从预约挂号、院内外导航，到候诊报到、预问诊交流，再到检查预约和药品领取，几乎每一个就诊环节都能实现一站式智能服务。即使是年纪较大的患者，也能在简洁直观的界面指引下快速完成注册建卡、就诊

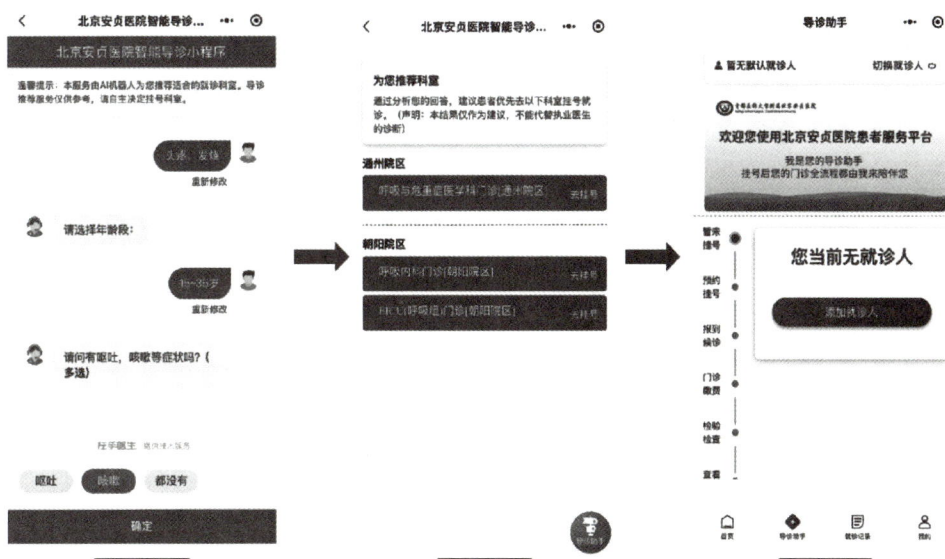

图 3-3　北京安贞医院 AI 导诊助手

人添加等操作。AI 助手会根据患者需求，自动弹出悬浮按钮引导其完成后续流程。通过导航功能，患者能够在院区内顺利找到诊室、候诊区、药房等地点，有效避免了迷路、走错科室等问题。

2. AI 病理诊断

人工智能技术在病理诊断中的应用，能够显著提升医疗诊断的精度与效率。借助深度学习和计算机视觉技术，AI 能够快速、准确地分析病理切片，识别微小病变，甚至在人眼难以察觉的情况下发现潜在的癌变区域。这大大减少了医生在分析病理图时的工作量，节省了诊断时间。

在癌症发病率持续上升的背景下，如何借助人工智能技术提升诊断精度和效率，成为全球病理学科的前沿话题。为提升诊断效率及质量，有效缓解病理人才匮乏的窘境，浙江大学联合浙大一院共同开发出 OmniPT AI 病理万能助手，如图 3-4 所示。2024 年 12 月 13 日，在第十七届中国病理医师年会上，浙大一院病理科章京教授详细介绍了人机交互 AI 病理万能助手—— OmniPT。OmniPT 通过结合视觉与语言模型，能够在短短 3 秒内锁定癌症病灶，在多个癌种上的诊断准确率高达 95% 以上。该技术突破了传统病理诊断的限制，能够快速分析超大尺寸病理图，精准锁定病灶区域，在胃癌、结直肠癌等高发癌种的诊断中展现了显著优势。

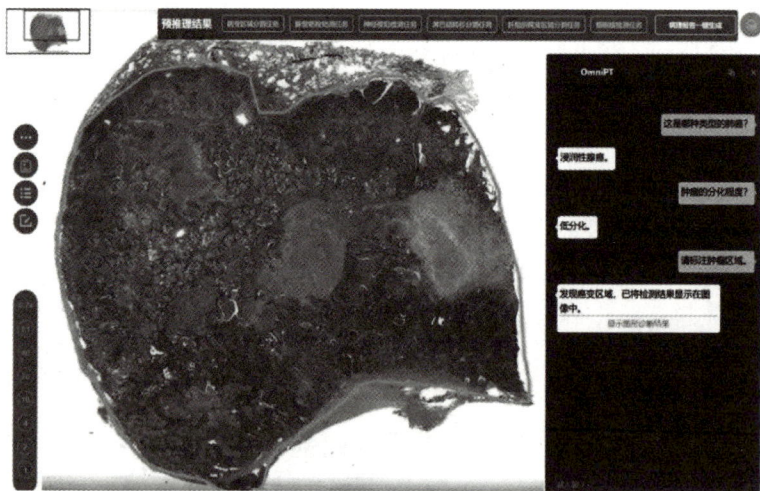

图 3-4　人机交互病理万能助手 OmniPT 应用平台

3. 智能健康管理与可穿戴设备

AI 通过对智能手环、血压计、血糖仪等可穿戴设备中的心率、血压、血糖、睡眠等数据的持续采集与分析，能够实现疾病预警、慢病管理与个性化健康干预，特别适用于老年人和慢性病患者的人群健康管理场景。图 3-5 为智能手环监测人体血氧饱和度、压力，通过内置的高精度传感器，该设备可以 24 小时不间断地监测用户的生理指标，并将数据同步至手机 App 或云端平台。结合 AI 算法，系统能自动识别异常数据波动，例如突发性心律失常或血氧值异常降低等情况，及时向用户及紧急联系人发送预警通知。

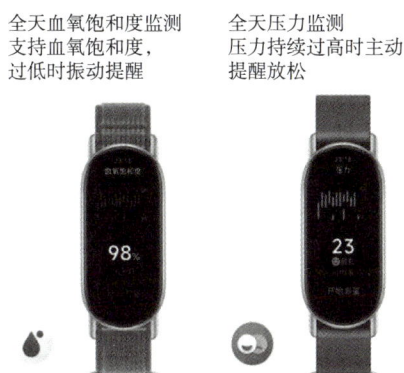

图 3-5　智能手环监测人体血氧饱和度、压力

此外，AI 还能基于长期积累的健康数据，为用户生成个性化的健康报告，推荐饮食、运动及用药建议。例如，针对糖尿病患者，系统可分析血糖变化趋势，并结合患者的饮食记录，智能生成胰岛素用量调整提醒；对于高血压患者，系统可根据其血压波动规律，智能推荐最佳服药时间或提供呼吸放松训练建议。这种智能化的健康管理方式，不仅减轻了医疗机构的压力，也提高了患者的自我管理能力，尤其适合居家养老和远程监护场景。未来，随着 5G、物联网和 AI 技术的进一步融合，可穿戴设备将实现更精准的疾病预测与更主动的健康干预，推动医疗健康服务向"预防为主、治疗为辅"的模式转型。

4. 药物与疫苗研发

在药物与疫苗的开发过程中，AI 被广泛用于药物靶点预测、分子筛选与临床数据分析等关键环节，例如 AI 可以通过深度学习算法分析海量基因组学、蛋白质组学和疾病数据库，能够快速识别潜在的疾病相关靶点；还可以通过生成对抗网络（GAN）设计具有特定药理特性的全新分子结构等。AI 技术的应用可以大幅缩短研发周期、降低成本，推动药物研发进入智能化、精准化的新时代。

Insilico Medicine 将深度学习模型和其他先进的人工智能技术融入新药研发中，成功地发现了一个新的生物靶点，并生成了一个新的能够作用于特发性肺纤维化（IPF）的小分子。图 3-6 为 Insilico Medicine 发明临床候选化合物进行的实验列表，与传统的药物发现过程相比，Insilico Medicine 在临床候选化合物研发上展现出显著优势，其研发速度与成本控制均实现了数量级的突破。从疾病假设到临床前候选药物，仅耗时不到 18 个月完成。

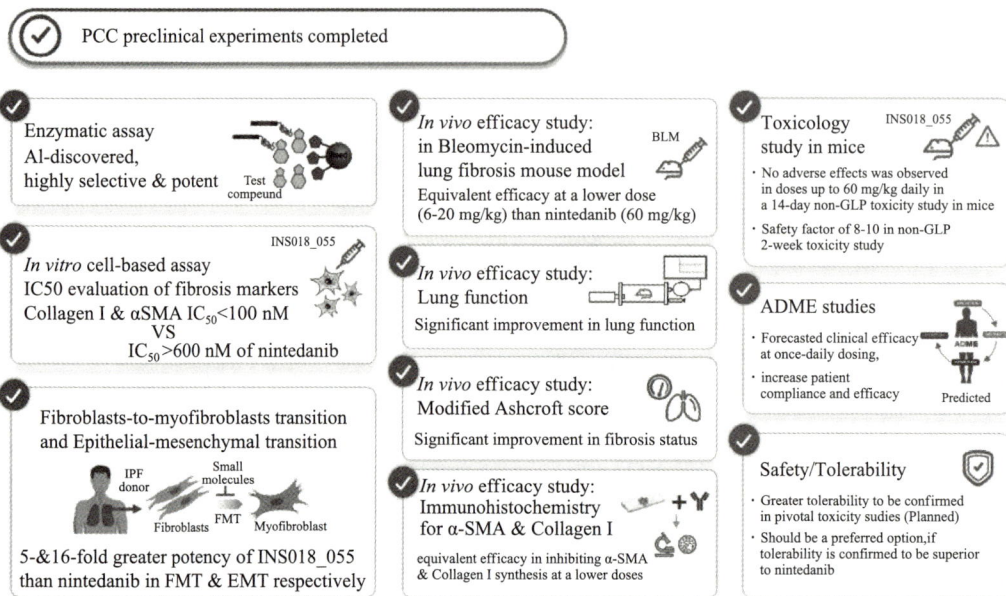

图 3-6　Insilico Medicine 发明临床候选化合物进行的实验列表

3.1.3　总结与展望

从疾病诊断到个性化治疗，再到健康管理，AI 正在逐步改变传统医疗模式，推动医疗业向智能化、个性化和高效化的方向发展。在未来，人工智能技术有望助力实现更高效的全球公共卫生管理，提高疾病预防与干预的效果，降低医疗成本，同时使医疗资源能够更加公平地分配给患者。

人工智能技术虽在医疗领域有着广泛的应用前景，但也面临着诸多挑战。例如，医院信息系统中存储着大量的患者就医数据、医疗科研数据等，防止信息泄露、保护患者及医院的隐私和安全成为一项关键任务。此外，随着 AI 技术在医疗领域中的参与，医疗责任的界定也变得复杂，尤其是在发生误诊或漏诊时，责任归属的问题亟待明确。因此，我们需要不断完善医疗数据的加密技术，加强对医疗数据的监管。同时，完善相关的法律法规，确保人工智能技术的安全性、伦理性和可持续发展，让人工智能更好地为医疗行业带来变革与创新。

3.2 人工智能推动智慧交通升级

扫码看微课
对应视频：3.2 人工智能推动
智慧交通升级

3.2.1 为什么交通领域需要 AI

1. 问题与需求

（1）交通拥堵与出行需求

随着城市化进程的不断加快，交通拥堵已成为大城市及经济发达地区普遍面临的突出问题。如图 3-7 所示，交通高峰时段的拥堵状况不仅导致了出行效率的降低，还增加了环境污染和交通事故的风险。同时，节假日期间的集中出行需求呈爆发式增长，进一步加大了交通系统的运行压力。以 2025 年清明节为例，我国跨区域人员流动量达 7.6 亿人次，多地高速公路因祭扫、旅游出行出现严重拥堵。其中，上莲高速 8 公里路段堵车长达 17 小时，上海 G40 沪陕高速车流缓行超 5 小时仅移动 800m。面对复杂的交通状况，传统交通管理模式难以应对。如何缓解交通拥堵，提升群众的出行效率与安全性，成为交通运输管理部门的一大项重要课题，也为人工智能技术融入交通领域中提供了契机。

图 3-7 早高峰期间的拥堵路段

（2）交通数据的实时处理需求

在信息化和智能化技术的推动下，交通领域的数字化转型不断加速。现如今，各种传感器、摄像头、GPS 设备和交通管理平台实时生成大量交通数据。这些数据涵盖了交通流量、车辆位置、行驶速度、路况信息等各类维度。这为交通运行和科学治理提供了大量的数据支持，但仅依靠传统的人力去分析和处理数据，效率较低且人力成本较高，无法满足交通管理智能化发展的需求。人工智能技术能够在短时间内分析、处理并从中提取出有价值的信息，进而实现实时交通调度和智能决策。例如，AI 可以根据实时路况预测潜在拥堵区域，并自动优化信号灯配时，实现交通流量的动态调控。因此，推动人工智能技术与交通系统的深度融合，已成为智慧交通发展的必然方向。

2. 相关政策支持

将人工智能融入交通领域中，可以为交通运输解决当前的难题和带来新的机遇。我国积极出台相关政策来支持智慧交通的发展。2020 年 8 月 3 日，交通运输部发布《关于推动交通运输领域新型基础设施建设的指导意见》，提出到 2035 年，交通运输领域新型基础设施建设取得显著成效。先进信息技术深度赋能交通基础设施，精准感知、精确分析、精细管理和精心服务能力全面提升，成为加快建设交通强国的有力支撑。基础设施建设运营能耗水平有效控制。泛在感知设施、先进传输网络、北斗时空信息服务在交通运输行业深度覆盖，行业数据中心和网络安全体系基本建立，智能列车、自动驾驶汽车、智能船舶等逐步应用。科技创新支撑能力显著提升，前瞻性技术应用水平居世界前列。2021 年 8 月 31 日，交通运输部印发《交通运输领域新型基础设施建设行动方案（2021—2025 年）》，提出重点建设智慧公路、智慧航道、智慧港口、智慧枢纽四大领域。在交通信息基础设施建设行动中提到，要推进综合交通大数据中心体系建设。打造综合交通运输"数据大脑"。加快建设国家综合交通运输信息平台，构建以部级综合交通大数据中心为枢纽，覆盖和连接各省级综合交通大数据中心的架构体系。在 2025 年 3 月召开的全国两会期间，全国人大代表、西安建筑科技大学校长赵祥模提到，建议加快路侧设施的智能化改造，应根据智能网联汽车与新型基础设施协同发展的需求，对新建道路的智慧化建设与既有道路的智慧化改造进行同步规划。

我国地方政府根据自身城市特点、交通发展水平与区域需求，积极制定政策并实施，推动人工智能技术在本地交通系统中的深度融合与落地应用。2024 年 7 月 26 日，北京市发布《推动"人工智能+"行动计划（2024—2025 年）》，在标杆应用工程中提到，基于大模型生成道路、车辆、人流、天气等仿真数据，加快自动驾驶仿真训练，优化车路云网一体化技术路线，探索 FSD、ASD 等单车智能技术，建设智能、高效、安全的城市交通网络。依托高级别自动驾驶示范区建设，融合车载传感器、路侧视频设备、高精度地图、交通管制信息、天气环境等多源数据，构建交通大模型平台，精准预测交通流量及拥堵情况，优化交通信号灯控制机制，做好车辆出行路径的动态规划与交通引导。2025 年 2 月 14 日，四川省交通运输厅与科学技术厅共同制定了《推动人工智能在四川交通运输领域全场景应用行动方案（2025—2027）》。该方案以人工智能应用为基本着力点，围绕各类应用场景，推动交通运输建设、养护、行业治理及运输服务等领域的创新融合与高质量发展。

3.2.2　关键应用场景

随着城市化进程的持续推进和交通系统的日益复杂，传统交通模式在运行效率、安全管理、资源配置等方面面临诸多瓶颈。人工智能作为推动交通运输体系变革的重要技术力量，已深度融入交通领域的各个环节。其通过大数据分析、计算机视觉、深度学习等前沿技术手段，实现了从"人管交通"向"智能调控"的根本转变，推动构建更加高效、安全、绿色的现代交通体系。以下将从五个关键应用场景出发，系统阐述人工智能技术在交通运输领域的具体落地方式与成效。

1. 智能驾驶与自动驾驶

智能驾驶和自动驾驶是人工智能赋能交通的核心领域之一。通过融合传感器技术、环境感知、路径规划与实时决策等技术，AI 算法能够精准识别道路状况、交通标识与行人等元素。在早晚高峰的拥堵路段，AI 算法能依据实时路况，灵活规划最优行驶路线，自动完成加减速、变道等操作，使得车辆具备自主感知、判断与操作能力。通过融合 AI 技术，可以提升行驶安全性，降低人为操作带来的交通事故率。

百度 Apollo 是我国智能驾驶与自动驾驶领域的典型代表之一。在智能驾驶领域，百度 Apollo 的领航辅助驾驶能够准确识别异形红绿灯、环岛路口、非结构化道路等，实现了高速、城市、停车场等场景点到点的全域驾驶，如图 3-8 所示，其灵活的驾驶策略可以应对路口博弈、汇入汇出、行人礼让等场景，让用户的出行变得更加便捷舒适。在自动驾驶领域，百度 Apollo 推出了自动驾驶出行服务平台萝卜快跑，已在北京、上海、重庆等多个城市开放示范运营。该平台融合多模态交互与多场景出行模式，为用户提供便捷、智能的出行体验。如图 3-9 所示，其使用流程简单清晰、功能合理，受到了广大用户的点赞，成为推动自动驾驶出行服务普及的重要载体。2024 年 5 月 15日百度 Apollo 发布了全球首个支持 L4 级自动驾驶的大模型 Apollo ADFM（Autonomous Driving Foundation Model），实现了自动驾驶在技术层面的飞跃，让自动驾驶可以兼顾技术的安全性和泛化性，做到安全性高于人类驾驶员 10 倍以上，实现城市级全域复杂场景覆盖。

图 3-8　百度 Apollo 领航辅助驾驶示例

图 3-9　萝卜快跑平台的使用流程

2. 公交调度与运营优化

公共交通既是居民日常出行的重要工具，也是交通治理的关键抓手，其运行效率的高低，不仅关乎通勤高峰期的道路承载能力，更关乎着城市低碳化发展与居民的生活品质。人工智能通过对乘客出行数据、实时公交位置、道路通行情况等多源数据的分析，能够实现公交线路的动态优化与调度智能化。例如，在高峰期预测客流密度、动态调整发车频率、规避拥堵路段等，均可通过 AI 算法自动完成，大幅提升运营效率与乘客满意度。

2020 年 1 月，济宁交运集团与杭州数知梦合作开发城际城乡公交云数据中心，如图 3-10 所示，该平台利用大数据、云计算、人工智能等多项技术，解决了传统公共交通供需信息不对称不平衡的问题，全面提升了当地的公共交通基础设施智能化水平，让济宁市民与游客享受到"智慧公交"带来的便利与实惠。2023 年 12 月，深圳巴士集团与云天励飞公司联合开发了"美好出行，智能先行"公交新能源智能体。该系统基于人工智能技术，统一调度管理巴士公交场站和深圳蓝充电站的能源需求，通过算法模型实现用电负荷动态能源调度并具备了分布式需求响应能力，有效提升了能源管理效率，推动了深圳巴士集团在新能源与数字化方向的深度融合与转型升级。

图 3-10　城际城乡公交云数据中心

3. 物流运输与无人配送

在电商与物流配送快速发展的背景下，传统物流运输体系面临效率瓶颈和人力短缺问题。AI 通过路径优化、车队调度、订单分发等智能算法，使物流企业能够实现资源最优配置与运输成本控制。如京东物流采用搭载 5G 技术的智能拣选机器人，每小时可处理超 600 单，效率较人工提升 3～5 倍，已应用于全国 10 多个智能产业园。

同时，随着无人配送车、无人机、仓储机器人等智能终端的应用普及，"最后一公里"配送变得更加精准、高效。例如顺丰利用丰翼无人机实现生鲜产品的高效配送。在阳澄湖大闸蟹捕捞后，无人机 4 分钟内即可将货物送至中转场，并通过"无人机 + 全货机"模式将每日 10 吨大闸蟹快速运往东南亚，最快 48 小时送达。杭州既未科技推出了端到端无人驾驶物流车"灵小驹"，来促进物流企业的降本增效，如图 3-11 所示，"灵小驹"可在非机动车道行驶，单车装载量达 500 件，有效弥补了快递物流人员不足的缺口，可将配送成本降低 60% 以上。

图 3-11　无人驾驶物流车"灵小驹"行驶图（图片来源：既未科技 JiWei.ai）

4.交通安全与应急管理

在安全管理方面，AI 技术能够精准识别交通违规行为并自动取证。通过对交通监控视频、车辆运行轨迹、驾驶行为等数据的智能识别与分析，检测出闯红灯、超速、疲劳驾驶等行为，提升了监管效率和执法准确性。同时，AI 还具备高风险场景中的智能监管能力。在节假日期间人流与车流剧增的重点路段和路口，AI 系统可结合无人机监控、道路摄像头，实时感知现场交通状况，辅助警力调度与交通疏导，有效保障行人通行安全与道路畅通。2024 年 12 月，无锡推出了"AI 交警"，能够实时检测行人和非机动车的通行状况，如图 3-12 所示，AI 交警对于闯红灯、越线等各类交通违法行为能够及时发出警示，守护行人的安全。

图 3-12　AI 交警识别道路违规行为

在应急管理方面，面对交通事故、极端天气、自然灾害等突发事件，AI能做出快速响应、生成应急预案，辅助相关部门科学决策，最大限度地降低事件带来的损失与影响，提升交通系统的应急响应能力。例如，重庆高速公路集团建设的"智慧高速应急指挥平台"已实现对突发事故的智能识别与多部门协同响应，应急处置时间缩短了30%以上。海口市交通管理部门引入AI技术建立了暴雨应急调度系统，通过对气象数据、排水系统和道路状况的综合分析，实现了对城区易涝点的实时监控与动态指挥，提高了极端天气下的交通保障能力。

5. 交通信号的智能调控与优化

随着城市交通网络的日益复杂，传统的固定周期式交通信号控制方式已难以满足实时变化的交通流需求，容易导致交通拥堵和通行效率低下。人工智能技术正在逐步改变信号灯调度的方式，实现更科学、高效的动态交通控制。

在交通信号优化中的主要应用包括：

实时交通流感知与预测：借助道路摄像头、地磁传感器、GPS数据等多源信息，AI可以实时获取路口交通流、车速、排队长度等关键参数。结合历史数据建模，AI系统可预测未来几分钟内的交通趋势，为信号控制提供前瞻性决策依据。

智能信号配时与动态调度：基于强化学习等算法，AI能动态调整红绿灯周期和配时方案，实现"绿波带"控制或按需放行，避免空放与拥堵，提高路口通行效率。

应急优先与公交优先策略：AI系统可自动识别救护车、消防车等特种车辆，在紧急情况时实时调整信号，保证特种车辆优先通行。同时AI也能为公交车辆实施智能优先策略，提高公交运行的准点率。

2018年，杭州"ET城市大脑"的成功应用，是AI赋能智慧交通的典型代表。ET城市大脑是阿里云推出的一套综合解决方案，它利用大数据、云计算和人工智能等先进技术，构建了一个能够感知、学习、决策和指挥的城市级智能系统。通过收集和分析来自各种传感器和信息系统的数据，ET城市大脑能够帮助城市管理者更好地理解城市运行状况，并据此做出更加明智的决策。如图3-13所示，杭州市依托"ET城市大脑"平台，整合城市级交通数据资源，实现对主干道红绿灯的AI动态配时优化。据公开报告，在全国最拥堵城市排行榜上，杭州的排名从2016年第5名下降到2018年第57名。同时，通过精准控制红绿灯时间，有效减少了车辆等待时间和碳排放量，为建设绿色、低碳、可持续的生态城市提供了有力支撑。

图 3-13　杭州余杭城市大脑交通指挥中心

3.2.3　未来与展望

　　人工智能技术已广泛应用于智慧交通领域，如智能红绿灯调控、交通流预测、自动驾驶与车牌识别等，显著提升了交通管理的智能化水平。然而，在实际部署中仍面临诸多挑战。例如，在台风、暴雨等复杂天气条件下，AI 系统的感知与决策准确性仍有待提升，容易导致误判或延迟响应。在自动驾驶等高风险场景中，系统一旦失误将造成严重后果，因此对其实时性、安全性和可解释性提出了更高要求。此外，自动驾驶事故责任界定模糊，过度依赖 AI 可能削弱驾驶员的应急处理能力，需要进一步优化人机协同机制，完善相关的法律法规。

　　总体来看，人工智能正加速重塑传统交通体系，推动其向智能化、自动化、高效化发展。未来，随着大模型、边缘计算、多模态感知等技术的成熟，智慧交通系统将具备更强的感知、理解与决策能力。在政策支持与基础设施完善的双重驱动下，AI 有望构建一个更智能的"懂交通、会管理、能调度"的城市交通大脑，为城市治理与可持续发展注入新动能。

3.3　人工智能助力智能制造体系

3.3.1　为什么制造业需要 AI

　　1. 问题与需求

　　在数字化浪潮的冲击下，制造业正面临前所未有的挑战，迫切需要转型升级，具体问题与需求主要体现在以下几个方面：

扫码看微课
对应视频：3.3 人工智能助力
智能制造体系

（1）生产效率有待提升。传统制造流程中普遍存在大量重复性、高强度、依赖人工经验的操作，效率提升受限。引入 AI 技术可对生产流程进行智能优化，实现设备自动化协同、实时调度与动态调整，有效提升整体运行效率，缩短生产周期，降低人力成本。

（2）产品质量把控困难。一线操作人员技术水平参差不齐，在复杂工艺流程中，人工检测难以保证一致性和高精度。引入 AI 视觉检测和数据分析可帮助实现更精准的质量监控，降低不良品率，从而解决产品质量把控难题。

（3）市场需求多样化。随着科技进步与消费观念升级，客户对产品的个性化、定制化需求愈发显著，产品更新周期日益缩短。AI 可基于大数据分析消费者偏好，辅助设计出多样化的产品方案，并通过智能制造系统快速调整生产线配置与工艺参数，帮助企业灵活响应市场变化，增强产品竞争力。

2. 相关政策支持

人工智能是制造业智能化升级的重要驱动力量，为推动制造业向智能化、绿色化转型，我国政府出台了一系列的相关政策。2024 年 1 月 18 日，工业和信息化部等七个部门联合印发《关于推动未来产业创新发展的实施意见》，其中提到把握全球科技创新和产业发展趋势，重点推进未来制造方向产业发展，发展智能制造、生物制造、纳米制造、激光制造、循环制造，突破智能控制、智能传感、模拟仿真等关键核心技术，推广柔性制造、共享制造等模式，推动工业互联网、工业元宇宙等发展。2024 年 12 月 17 日，工业和信息化部、国务院国有资产监督管理委员会、中华全国工商业联合会三个部门联合印发《制造业企业数字化转型实施指南》，指出制造业数字化转型是制造业高质量发展的关键路径，要以企业发展实际为出发点、以解决企业痛点难点问题为目标、以提升全要素生产率为导向、以场景数字化为切入点，综合考虑技术成熟度、经济可行性、商业模式可持续性，精准识别数字化转型优先领域和重点方向。为加速人工智能与地方制造业深度融合，各地政府相继出台了一系列专项政策。例如，2024 年 9 月 7 日，佛山市人民政府办公室印发《加快推动人工智能赋能佛山制造行动方案》，其中以人工智能和制造业深度融合为主线，以智能制造为主攻方向，构建年轻态、高技术现代化产业体系，优化"1+N"多元算力供给体系，力争到 2026 年年底全市可用算力超 5000P，到 2027 年年底全市可用算力超 8000P。2025 年 2 月 6 日，东莞市人民政府印发《关于加快推动人工智能赋能制造业高质量发展的若干措施》，提出要构建"1+1+N"算力供给体系，扩大高质量工业数据集供给，力争到 2027 年可调度使用智能算力规模 10000P 以上，打造 100 个以上 AI+ 先进制造示范应用场景，引进培育 300 家以上人工智能重点企业。

3.3.2　关键应用场景

1. 缺陷检测

在传统制造中，产品质量检测往往依赖人工目检或固定规则的检测设备，不仅效率较低，而且检测结果易受操作人员经验和主观因素影响，难以实现高精度、高一致性的质量控制。而人工智能，尤其是计算机视觉和深度学习技术的引入，为制造业带来了变革性的质量检测能力。如图 3-14 所示，对于图片中微小划痕、气泡、凹坑、错位、尺寸偏差等多种缺陷，AI 可以学习图像的特征信息并识别出缺陷的类别和位置，且检测速度远超人眼。深度神经网络（如卷积神经网络 CNN）能够通过学习大量缺陷样本，

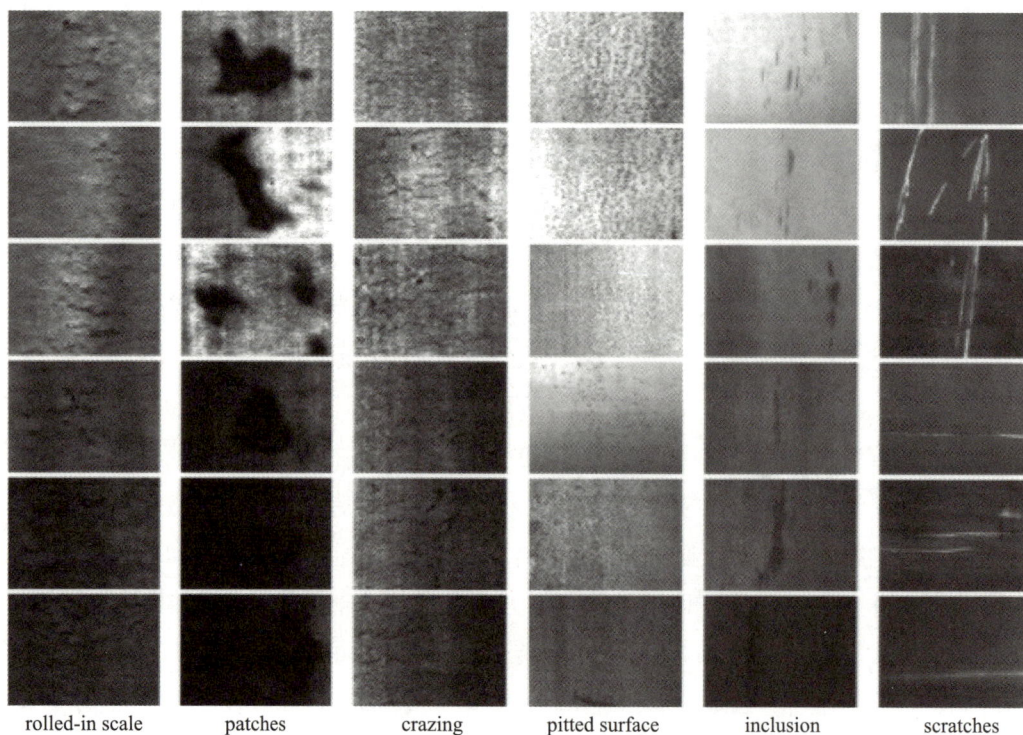

rolled-in scale　　patches　　crazing　　pitted surface　　inclusion　　scratches

图 3-14　钢板表面缺陷示例

建立复杂的图像识别能力，实现对复杂场景下产品状态的精准判断。此外，AI还支持对检测数据进行实时记录与追踪，便于质量溯源与持续改进。这类技术已广泛应用于电子制造、汽车零部件、钢材、纺织品、食品包装等行业，成为推动制造业"零缺陷生产"的重要工具。

AI技术在制造业的缺陷检测中应用广泛，涵盖钢铁表面、锂电池极片、纺织品瑕疵、电子产品焊点等多个关键场景。以下为其中几个具有代表性的典型案例：

（1）钢铁表面缺陷检测。当前，国内钢铁行业正面临多重挑战，包括人工成本不断上涨、客户需求日益多样化、材料品质标准日趋严格、市场竞争日益激烈，以及生产设备同质化严重、供应链协同效率低下等问题。在这种背景下，智能制造技术作为一种融合了计算机、通信、网络与自动控制等先进手段的综合技术体系，能够在制造流程中实现横向、纵向以及端到端的深度集成，构建起高度协同的生产体系，解决钢铁企业的痛点问题。宝山钢铁股份有限公司在业内较早地引入了AI技术，在热轧钢板生产线上部署了基于深度学习的视觉检测系统，用于实时识别钢板表面的划痕、氧化皮、裂纹、压痕等多种类型缺陷，实现了缺陷的自动分类与定位，检测精度显著高于人工。图3-15为宝钢1580热轧智能车间系统架构图，该系统包括智能模型与控制、智能物流、设备状态诊断和预测性维护、工艺过程在线检测、绿色产线、可视化虚拟工厂、智能排程、质量一贯管控八大模块，通过应用AI技术，改造了传统热轧产线，提高了车间产品质量与劳动效率、降低生产成本。

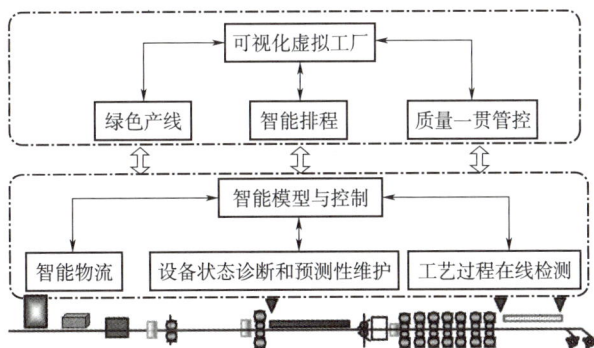

图3-15 宝钢1580热轧智能车间系统架构图

（2）电子产品焊点检测。如图3-16所示，在PCB板装配过程中，存在缺失孔、鼠标咬伤、开路、短路等多种细小缺陷，若未及时检测出这些缺陷，将严重影响产品的可靠性和使用寿命。以富士康为例，其通过AI视觉系统实现了焊点形状、虚焊、连焊等缺陷的实时识别与报警。系统结合3D成像和神经网络模型，可降低复杂背景的干扰，降低误判率，提升了SMT产线的自动化水平。

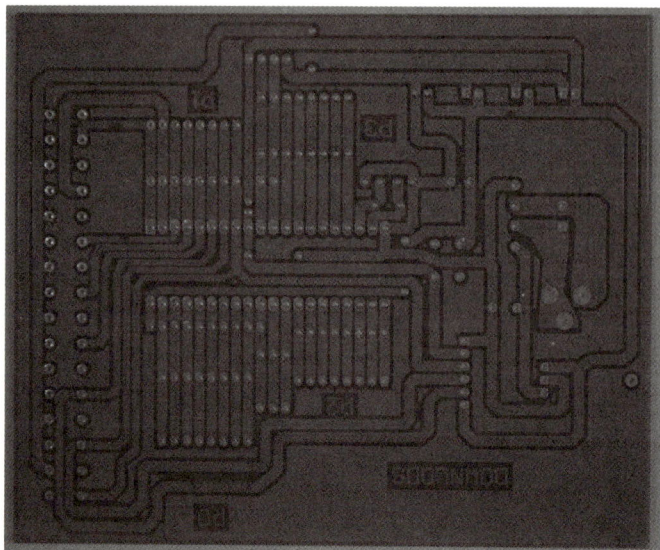

图 3-16　PCB 板缺陷图

（3）汽车零部件外观检测。汽车制造中，零部件的表面质量对整车的安全性能与运行可靠性具有重要影响，因此，对其进行高精度的外观检测已成为产品质量保障的关键环节。博世集团在其汽车零部件工厂引入了深度学习视觉检测技术，用于检查发动机缸体、刹车盘等关键部件的表面裂纹、凹陷、砂眼等微小缺陷。图 3-17 为博世机器视觉软件检测金属弹簧图像示例图，该视觉软件可以通过热度图无障碍地追踪图像中触发异常值检测的部分，提高了产品瑕疵检测的效率，降低了工厂的人力成本，进一步推动了汽车电子器件工厂的自动化。

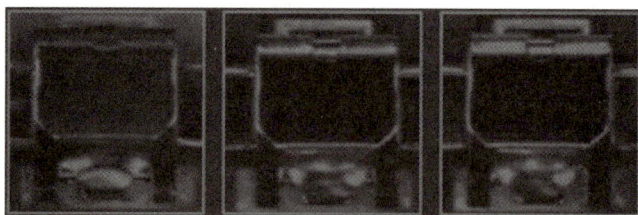

"正确"图片示例

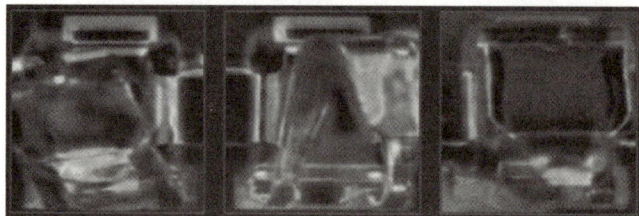

"不良"图片示例

图 3-17　博世机器视觉软件检测金属弹簧图像示例图

2. 供应链智能化

现代制造企业面临着全球化布局、市场需求多变、物流不确定性增强等一系列挑战，传统的供应链管理模式已难以满足高效、灵活与可持续发展的要求。人工智能为供应链的智能化管理提供了关键的技术支撑。AI 可通过整合历史销售数据、市场动态、季节周期及社会经济指标等多维度信息，实现对客户需求的精准预测，从而指导生产排程与库存准备，有效降低库存积压和缺货风险。在供应商选择与管理方面，AI 系统可综合评估供应商的交付能力、成本结构、风险等级等指标，辅助企业做出优化决策。同时，AI 算法（如强化学习、图优化等）也被用于物流路径优化和运输调度，提升运输效率，降低成本。随着 AI 在供应链各环节的深入应用，制造企业正逐步实现"可视化、可预测、可决策"的供应链管理新范式。

海尔集团开发出卡奥斯 COSMOPlat 平台，以实现供应链协同优化。如图 3-18 所示，COSMOPlat 工业互联网平台集成了 AI、大数据和云计算技术，构建了从用户订单、个性化设计、原材料采购到制造和物流配送的完整体系。该平台支持大规模定制，能根据客户需求动态调整供应链资源配置，让用户能够全程参与产品设计、采购、制造、物流等环节。目前，卡奥斯 COSMOPlat 赋能海尔智家入选国家首批"数字领航"企业，打造了 12 座世界"灯塔工厂"，在化工、模具、能源等 15 个行业孕育出完整的数字生态体系。该平台积极推动"工赋模式"在青岛、淄博、枣庄等地的落地应用，带动了纺织、化工、窑炉、模具等多个传统产业实现数字化升级。

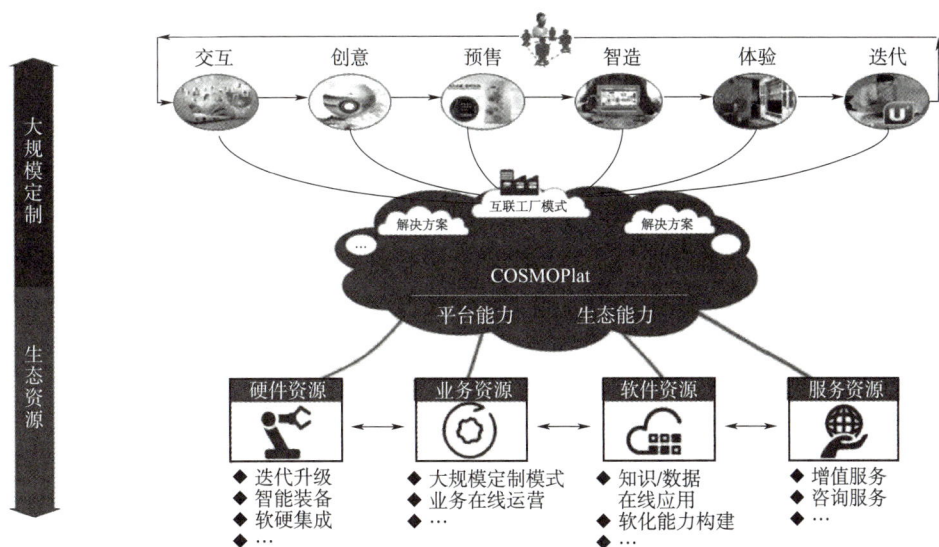

图 3-18　COSMOPlat 工业互联网平台示例图

除海尔集团外，众多制造企业也纷纷引入人工智能技术，以加快数字化转型步伐、提升核心竞争力。例如作为动力电池制造巨头，宁德时代在其原材料采购与生产环节部署了 AI 驱动的供应链协同系统。该系统能对上下游库存、供应交付能力及生产能力进行联合优化，支持柔性生产与快速响应，有效应对新能源市场波动性大的特点。美的运用 AI 模型进行多层级库存预测和需求分析，根据季节性、销售趋势、区域特征等维度动态调整补货计划，减少了 20% 以上的库存积压。同时，系统还能智能推荐最优采购时间点和供应商选择方案，实现精细化运营。联想在其全球供应链中引入数字孪生技术，通过 AI+IoT 技术构建实时虚拟供应链模型，能够直观反映每一个供应节点的运行状态，辅助企业做出快速决策，显著提高了全球物流协同效率。

3.3.3 未来与展望

人工智能正在以前所未有的深度和广度加速融入制造业，其影响已经从单点应用逐步扩展至全流程协同，未来更将引领制造模式的根本性变革。随着 AI 技术的持续演进与成熟，制造企业将在多个关键环节实现从"人机协作"向"智能自主"的跃升。在产品设计阶段，AI 可基于海量市场数据进行预测性分析与仿真优化，缩短研发周期；在生产过程中，AI 将通过算法驱动实现工艺路径优化、资源调配自动化及能效管理智能化，大幅提升运营效率与产能利用率；在质检与维护环节，AI 将通过视觉识别、语义理解与预测性分析手段，实现高精度缺陷检测与设备健康管理，降低故障率与停机时间。同时，AI 与物联网（IoT）、边缘计算、大数据分析、5G 等前沿技术的深度融合，将推动制造企业构建起更加智能、互联、实时响应的工业生态系统，实现真正意义上的"万物互联、数据驱动、自我优化"。在这一过程中，制造模式将由传统的"大批量、标准化"逐渐转向"个性化、柔性化"，满足用户对高质量、多样化产品的定制化需求。

从长远看，人工智能不仅是制造企业实现转型升级的关键工具，更将成为未来产业核心竞争力的重要支撑力量。它将帮助企业实现更高水平的资源配置效率、更强的市场响应能力以及更可持续的绿色发展路径。在政策支持与技术迭代的双轮驱动下，AI 赋能制造业将不再是选择题，而是走向高质量发展的必由之路。制造业的未来，将是以人工智能为引擎的智慧未来。

3.4　人工智能助力农业发展

扫码看微课
对应视频：3.4 人工智能助力
农业发展

3.4.1　为什么农业需要 AI

1. 问题与需求

农业作为国民经济的基础产业，在保障粮食安全、推动乡村振兴中具有战略地位。然而在全球气候变化、人口结构变迁与技术革命交汇的背景下，传统农业生产体系正面临以下系统性挑战：

（1）资源利用效率低下，可持续发展面临挑战

传统农业依赖粗放式管理模式，据联合国粮农组织在 COP16 期间发布的报告可知，全球约 40% 的土地已退化，影响了气候、生物多样性和民生。在我国也存在着化肥过量、水资源浪费、土壤退化等问题，例如我国的农业灌溉水有效利用系数虽从 2012 年的 0.516 提升至 2023 年的 0.576，但仍显著低于发达国家 0.7～0.8 的水平。传统灌溉模式下，输水系统渗漏损失高达 50%，田间用水浪费率超 40%，北方地下水超采区面积已扩至 150 万公顷。

（2）劳动力结构性短缺与技能断层问题突出

从《2024 年世界粮食及农业统计年鉴》可知，全球农业就业人口占比从 2000 年的 40% 降至 2022 年的 26%，农业劳动力占比显著下降。2023 年，日本媒体《现代新书》报道，日本农业从业者中 65 岁以上人口占比为 52.6%。在我国，中国农村青壮年劳动力外流致使农业用工成本持续上涨，山东、河南等产粮大省通过"钟点工"等灵活用工模式来缓解田间的季节性人力短缺。因此，传统精耕细作模式难以为继。

（3）气候变化加剧生产风险传导

联合国粮农组织研究指出，气候变化引发的极端天气已显著威胁全球粮食安全。例如，2023 年极端气候导致 18 个国家的 7200 万人陷入严重粮食不安全状态，全球粮食供应链的脆弱性进一步加剧。在病虫害方面，小麦赤霉病因高温高湿条件呈现扩散趋势，我国黄淮海平原近年因生育期提前和降雨增多，该病害发生程度达中等偏

重至重发。

（4）生产决策依赖经验，精准管理水平不足

当前大部分的中小农户仍凭经验制定耕种计划，缺乏土壤墒情、微生物活性等关键数据支撑。传统农谚指导的播种期与实际物候期偏差日益明显。例如，北京地区冬小麦适宜播种期因气候变暖从 9 月下旬推迟至 10 月上旬，偏差达 10 天左右。黄淮海平原小麦返青、开花等关键物候期较 30 年前提前 5～10 天，导致传统经验驱动的生产决策体系面临失效风险。

AI 技术凭借其强大的环境感知、数据挖掘与智能决策能力，正加速构建"天空地"一体化的智慧农业新范式：

◎ 通过卫星遥感＋田间传感器构建毫末级数字孪生系统，实现养分－水分－光照的精准调控。

◎ 运用计算机视觉与迁移学习技术，将病虫害识别准确率提升至 95% 以上。

◎ 开发自主导航农机集群，使复杂地形作业效率提升 3～5 倍。

◎ 创建农业知识图谱引擎，将百年农耕经验转化为可复用的数字资产。

这些技术创新不仅能够破解资源约束、劳动力短缺等现实困境，更将推动农业生产向数据驱动型、知识密集型和智能服务型跃迁，为全球粮食安全提供可持续的技术解决方案。

2. 相关政策支持

强国必先强农，农强方能国强。农业强国是社会主义现代化强国的根基。为更好地推进农业农村现代化，我国政府出台了一系列相关政策。2024 年 10 月 23 日，农业农村部印发《全国智慧农业行动计划（2024—2028 年）》，其中提到要通过政策拉动、典型带动、技术驱动、服务推动，形成一批可感可及的工作成果，加快推动智慧农业全面发展，有力支撑农业现代化建设。要在公共服务能力建设上，加快打造国家农业农村大数据平台、农业农村用地"一张图"和基础模型算法等公共服务产品；在产业布局上，着力推动主要作物大面积单产提升，培育一批智慧农场、智慧牧场、智慧渔场，推进全产业链数字化改造；在示范带动上，支持浙江先行先试，探索推广"伏羲农场"等未来应用场景。2025 年 2 月 23 日，中央一号文件发布，其中提出要推进农业科技力量协同攻关。以科技创新引领先进生产要素集聚，因地制宜发展农业新质生产力。瞄准加快突破关键核心技术，强化农业科研资源力量统筹，培育农业科技领军企业。推动农机装备高质量发展，加快国产先进适用农机装备等研发应用。支持发展智慧农业，拓展人工智能、数据、低空等技术应用场景。2025 年 4 月 7 日，国务院印发《加快建设农业强国

规划（2024—2035 年）》，指出全领域推进农业科技装备创新，加快实现高水平农业科技自立自强。要促进数字技术与现代农业全面融合。建立健全天空地一体化农业观测网络，完善农业农村统计调查监测体系，建设全领域覆盖、多层级联通的农业农村大数据平台，健全涉农数据开发利用机制。

3.4.2　关键应用场景

扫码看微课
对应视频：3.4.2 关键应用场景

1. 精准种植

通过图像识别、深度学习和大数据分析等技术，AI 能够实时监测植物的生长状态，智能识别病虫害及营养缺乏症状，并提供针对性的管理建议。结合卫星遥感、无人机巡检、传感器数据采集与地理信息系统（GIS），AI 可以实时分析土壤状况、气象数据和作物生长信息，推荐最优的播种时间、温湿度控制方案以及灌溉施肥策略，帮助农户实现科学育苗、精细管理。不仅大幅提升农作物产量与品质，还能有效节约资源、减少农药化肥使用，为现代农业数字化、智能化发展提供了有力支持。

浙江以"数字乡村"建设为抓手，推动人工智能与农业生产深度融合。在浙江省衢州市衢江区，当地农户借助搭载多模态传感器的 AI 智能机器人，实现了蓝莓生长的精细化监测。如图 3-19 所示，该机器人配备的高清摄像头能够精准扫描每一株蓝莓植株，获取到叶片蒸腾速率、土壤墒情、病虫害风险系数等数据，并将这些数据实时上传，通过智能算法分析处理后，生成详细的蓝莓生长报告，为农户提供科学、精准的种植管理建议。

2024 年，中国农业大学信息与电气工程学院成立农业 AI 研究中心，重点开展农业大模型设计与优化、农业大数据挖掘、多模态信息处理等关键技术研究，致力于探索智能农业的新技术、新模式和新业态。图 3-20 展示了农业 AI 研究中心的精准数据采集体系，该体系配备先进仪器设备和专业技术团队，能够全面监测土壤、气候及作物等关键指标，为农田建立精准数字档案，助力实现节水、节肥、增产等目标，有效解决种植过程中的实际问题，降低成本、提升产量。在内蒙古鄂托克前旗，研究中心开

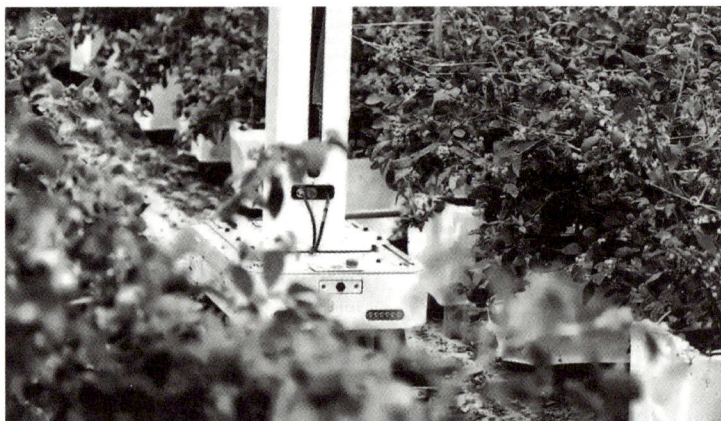

图 3-19　在蓝莓基地工作的智能机器人（图源：浙江省农业农村厅）

发的"数字农牧业移动微服站"已成功应用，在试验阶段，已有 60 户农民和 3 万亩玉米农田受益于这种精准的数字服务，成为当地农民获取科技支持、推动农业现代化的重要手段。

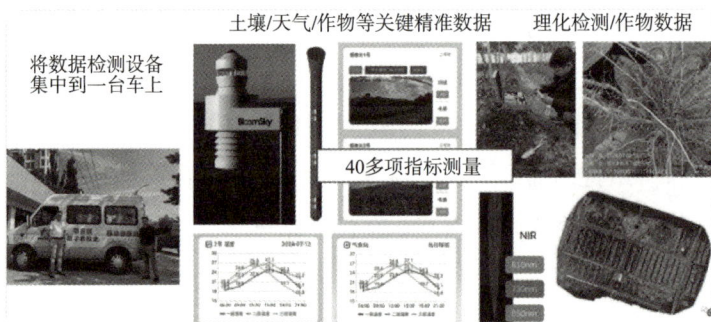

图 3-20　精准数据采集体系图（图源：中国农业大学官方）

2. 病虫害智能监测与防治

长期以来，传统农业存在着病虫害发现滞后、误判率高、用药过度等困扰，每年因病虫害导致的粮食减产损失高达千万吨级。AI 病虫害智能监测与防治是利用人工智能技术提升农业病虫害识别、预警与治理效率的重要手段。通过计算机视觉和深度学习模型，AI 可以精准识别作物叶片上的病斑、虫害类型及其发展程度，实现对病虫害的快速诊断。图 3-21 为 AI 基于计算机视觉技术检测樱桃果实的示例图。基于识别结果，AI 可为农户提供科学的防治建议，或直接驱动自动化设备实施精准施药或物理防治，有效减少病虫害对农作物的损害，有效减少农药用量和环境污染，提升农作物的品质和农业可持续发展能力。

图 3-21　AI 检测樱桃果实示例

图锐科技研发的"虫先知"有害生物监测系统融合了物联网、昆虫信息素诱捕、图像识别与图像检测等前沿技术，为农林管理部门提供自动监测、识别计数和智能预警服务。在产品开发过程中，团队引入百度大脑的图像识别与自定义图像分割模型，使"虫先知"小程序具备"拍照识虫"功能（图 3-22），林业管理人员可通过手机拍照上传害

图 3-22　"虫先知"小程序的"拍照识虫"界面

虫图片，系统便能智能识别其名称、种类、危害及防治方式。同时，系统还能自动识别前端设备采集的虫害图像并进行精准计数，大幅降低人工统计成本，有效提升农林害虫防控的效率与智能化水平。

3.4.3　总结与展望

AI 在农业领域的应用正呈现出快速发展和深度融合的趋势，已从早期的辅助工具发展为贯穿农业生产全周期的核心技术力量。当前，人工智能广泛应用于智能种植管理、病虫害监测与防治、精准灌溉与施肥、作物产量预测、农产品品质分级、智慧农业平台建设等关键环节，有效提高了农业生产的智能化水平与资源利用效率，显著降低了人力成本和环境负担，推动传统农业向高效、可持续方向转型。

随着图像识别、深度学习、物联网、卫星遥感以及大模型等前沿技术的不断突破，AI 在农业中的应用场景将更加多元化与智能化。例如，通过多模态数据融合技术，可实现对作物生长环境、病害状态及气候变化的实时感知与动态响应；通过农业大模型的构建，可为不同区域、不同作物提供个性化种植方案与精准服务。同时，AI 还将在农业供应链管理、农业金融风控、碳足迹监测等新兴领域发挥作用，助力农业全产业链升级。未来，AI 将在保障粮食安全、提升农业产能、促进农村经济发展和推动绿色低碳农业等方面发挥更加重要的战略价值。通过构建"AI+ 农业"的融合创新体系，将有望加快实现农业数字化、智能化和绿色化转型，为实现乡村振兴和农业现代化提供坚实科技支撑。

3.5　人工智能开启教育新篇章

扫码看微课
对应视频：3.5 人工智能开启
教育新篇章

3.5.1　为什么教育行业需要 AI

1.问题与需求

教育行业在推动社会发展与个体成长中扮演着至关重要的角色，然而在当前教育体系中，面临着以下挑战：

（1）教学模式单一，难以满足个性化学习需求。传统教育模式以教师为中心，课程设置和教学进度通常面向"平均水平"的学生，忽视了学习者的差异性。学生的学习兴趣、能力基础、接受速度各不相同，标准化教学难以兼顾不同层次学生的发展需求，导致"学优生吃不饱、学困生跟不上"的普遍现象。

（2）教育资源配置不均，城乡存在一定差距。教育资源配置不均仍是当前全球教育发展中的突出问题，尤其体现在城乡之间的差距。优质的师资力量、先进的教学设备以及丰富的教研资源往往集中于经济较发达的地区和重点学校，而偏远地区面临教师数量不足、课程设置不全、教学条件简陋等问题。这种资源分布不均直接影响了整体教育质量的提升。在教育资源相对贫瘠的发展中国家，问题更加严峻。由于师资匮乏、教育投入不足，不少边远地区甚至难以保障基本的教育服务，儿童接受系统教育的机会受到限制，教育覆盖率和质量持续处于低水平。这不仅阻碍了个体的发展机会，也制约了国家综合国力的提升。

（3）教学管理效率低，缺乏精细化运营支撑。多数学校在教学计划制定、学情监控、课程安排、资源调配等方面仍依赖人工管理和经验判断，效率较低，难以实现动态优化。

（4）教师负担沉重，重复性工作占用大量时间。教师不仅承担教学任务，还要处理大量备课、批改、教务管理等事务性工作，导致教学创新能力受到限制，也影响教师在教学中的深度参与与个性化指导能力。

（5）学生学习主动性不足，自主学习能力弱。受限于传统教学手段，学生往往处于被动接受知识的状态，缺乏针对性的激励机制和适合自身节奏的学习资源，难以真正实现高效、可持续的自主学习。

人工智能技术具备强大的数据处理、模式识别、自动推理与反馈调节能力，有望通过构建以学生为中心的智慧教育生态，从根本上改善上述问题，推动教育向智能化、精准化、普惠化方向发展。

2. 相关政策支持

2024 年 12 月，教育部办公厅印发通知，探索中小学人工智能教育实施途径，加强中小学人工智能教育，强调在国家中小学智慧教育平台开设中小学人工智能教育栏目，广泛汇聚优质教育资源，实现优质资源共建共享，要求做好城乡统筹，利用网络平台实现城乡学校人工智能教育相关课程互联互通。2025 年 1 月 19 日，中共中央、国务院印发《教育强国建设规划纲要（2024—2035 年）》，指出要以教育数字化开辟发展新赛道、塑造发展新优势，从构建相应课程教材体系、评价改革、提升教师的信息素养等多方面发力，促进人工智能助力教育变革。2025 年 4 月 11 日，教育部等九部门印发《关于加快推进教育数字化的意见》，其中提出要推动课程、教材、教学数字化变革，将人工智能技术融入教育教学全要素全过程，探索建设云端学校、智造空间、未来学习中心，建设"人工智能 +X"国家级实验教学中心，实现人工智能驱动的大规模因材施教，提高教育教学效率和质量。

3.5.2 关键应用场景

1. 个性化学习

AI 技术能够基于学生的历史学习行为、知识掌握水平、学习风格以及兴趣偏好，构建出多维度的学习者画像，为学生推荐个性化内容、学习路径，并提供实时学习反馈，提升学生的学习效率和主动性。借助深度学习、协同过滤等智能算法，AI 可以为每个学生精准匹配适合其认知水平和学习节奏的学习内容，并动态调整学习策略，实现"千人千面"的教学模式。如图 3-23 所示，猿辅导平台通过引入大数据分析和人工智能算法，构建起智能化学习支持体系，能够为学生量身定制每日学习任务、个性化练习题以及阶段性测评方案。该平台综合分析学生的学习行为数据、答题记录、知识掌握情况和学习进度，动态调整学习内容与难度，实现因材施教和精准推送，有效提升学习效率与成果。

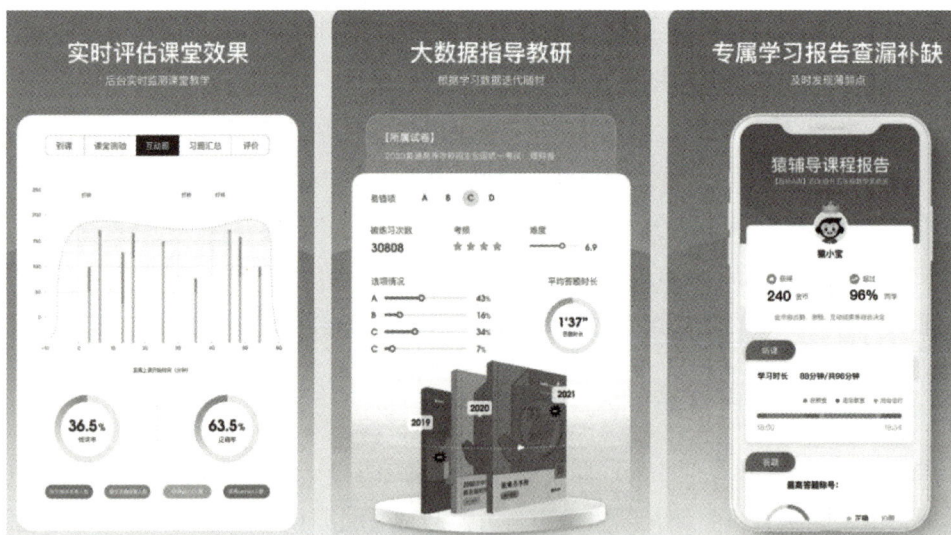

图 3-23　猿辅导平台 AI 功能介绍

2. AI 助教

人工智能不仅能够辅助学习者个性化学习，也能够承担部分教学任务，成为教师的"智能助手"。借助自然语言处理、语音识别、图像识别与深度学习等技术，AI 能够高效完成如作文自动批改、口语测评、客观题阅卷等重复性大、标准化强的工作。同时，

AI还能够基于课程内容自动生成课件、教案和测试题，辅助教师备课和授课，有效提升教学效率与资源利用率。例如，在超星平台中，AI助教系统可以与教师进行交互式答疑，如图3-24所示，协助生成个性化课件和题目，为教师提供有价值的教学决策支持。此外，AI还可以结合课程内容构建知识图谱，清晰展现知识点之间的关联和层级结构，有助于教师和学生更直观地掌握课程整体框架与知识脉络。图3-25展示了超星平台根据教学内容生成的知识图谱，教师可基于该图谱了解课程核心内容的分布和学生的掌握程度，从而制定更有针对性的教学策略。

图 3-24　超星平台 AI 助教界面

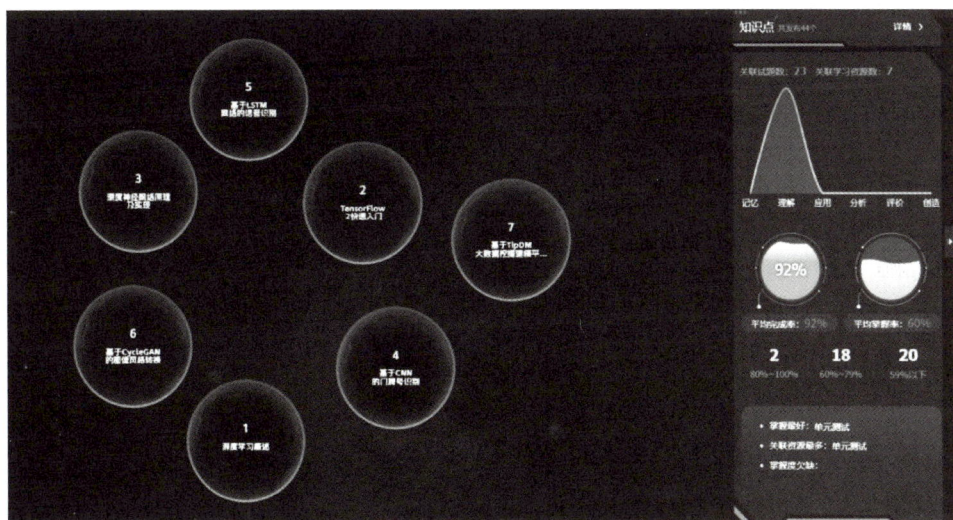

图 3-25　超星平台生成的知识图谱

在我国，许多学校都依托AI技术构建了智慧课堂，以此来优化学生的学习场景和老师的教学模式。在山东淄博临淄区，当地教育局和体育局的统筹指导下，临淄区与科大讯飞合作打造的“人工智能+教育应用示范项目”正在稳步推进。临淄一中积极探索智慧教育发展路径，创新构建了一套系统化的教师培养体系。学校采用“问题诊断—功能演示—实操演练”的培训模式，结合“优质课竞赛—示范课展示—日常教学应用”的三层实践体系，并通过“以赛促用、示范带动”等方式，全面推动智慧教育深度融入课堂教学各环节。如图3-26所示，在溡水实验学校的一堂美术课上，孙镜如老师巧妙运用AI技术，为学生们带来了一次跨越千年的艺术对话。北宋天才画家王希孟“走进”课堂，通过智慧平板中的虚拟形象，讲述他创作《千里江山图》时的历程。借助数字化教学工具，孙老师引导学生在平板上放大观察画作细节，精细体会山石皴法的表现力。在传统艺术与现代科技的交汇中，让学生们以更加直观、沉浸的方式感受中国古代绘画的魅力。

图3-26　溡水实验学校美术课堂展示“千里江山图”

在北京邮电大学，该校的EZCoding创业团队自主研发出“码上”智能教学应用平台，如图3-27所示，该平台可以进行“1对1”编程教学辅导，为学生提供实时、智能、个性化、启发式的编程辅导服务。这种启发式教学模式，通过引导式提问、分步解析和案例讲解，激发了学生的思考能力与自主学习动力，克服传统编程教学中“老师精力有限、学生进度不一”的难题。

图 3-27 "码上"平台的 1 对 1 辅导界面

3.教育资源智能共享

随着科技的发展，AI 正逐渐打破地域与学校间的资源壁垒，为教育资源的均衡配置提供全新解决方案。AI 实现对各类教学资源的数字化整合与智能共享，学生可以随时随地学习课程，自主安排学习进度和内容，大大提升了学习的灵活性和覆盖面。对于教育资源相对匮乏的国家或地区，AI 为当地学生提供了接触优质教育资源的机会。他们不仅可以在线参与名校名师的课堂教学，还能学习本地学校未开设的特色课程和拓展课程，拓宽了知识视野，弥补了教育短板。

在我国，已涌现出多个高水平的智慧教育平台，在推动教育数字化转型与提升教学质量方面发挥了重要作用。图 3-28 为国家中小学智慧教育平台界面，该平台由我国教育部推出，该平台包括德育、课程教学、体育、美育、劳动教育、课后服务、特殊教育、教师研修、家庭教育、教改经验、教材和地方频道 12 个版块，其包含课程资源由优秀的教育专家和教师精心打造，经过严格的审核和筛选，确保了平台资源的质量和准确性。国家中小学智慧教育平台充分利用科技赋能，加快了我国教育信息化的步伐，推动基础教育高质量发展，为广大教师和学生的成长提供了有力支持。截至 2024 年 5 月 15 日，该平台页面浏览总量已达 405.40 亿次，多所学校已经将国家中小学智慧教育平台融入课堂教学中。例如，佛山市高明区华英学校朱丽媛老师在八年级历史教学中积极探索"双师课堂"模式，巧妙融合国家中小学智慧教育平台的优质资源与自身教学实践，取得了显著成效。如图 3-29 所示，在《抗美援朝》一课中，她借助平台的党史学习专栏引入纪录片片段激发学生兴趣，结合名师精品课深化知识理解，并通过小组讨论与互动工具提升课堂参与度。课后，她引导学生利用平台资源进行自主学习和反思，全面提升了教学的深度与广度。该教学实践不仅增强了学生对历史知识的理解，也激发了他们的爱国情怀，充分展现了智慧教育平台在基础教育中的重要价值与应用潜力。

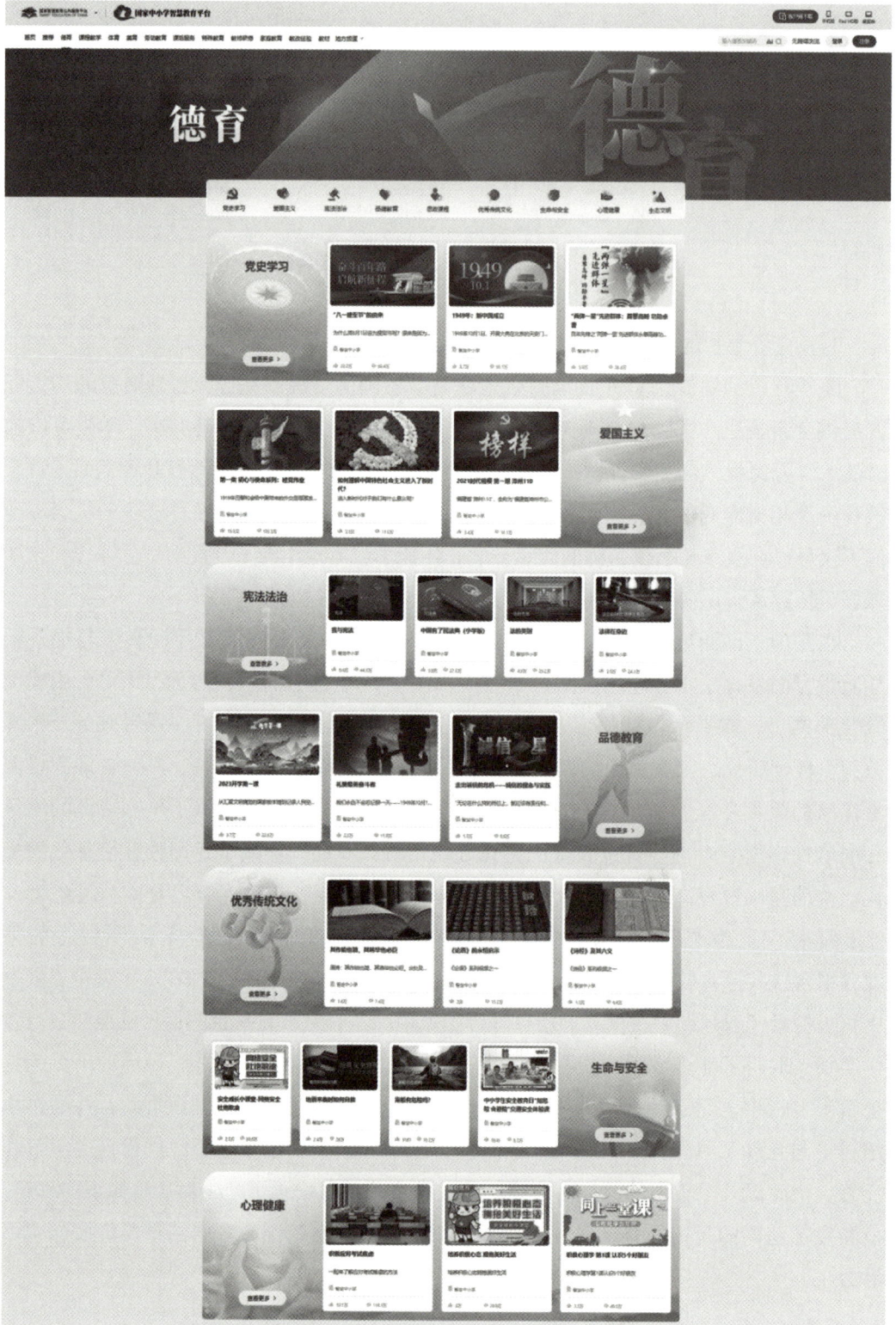

图 3-28　国家中小学智慧教育平台

图 3-29 朱丽媛老师的"抗美援朝"课堂（图源：广东教育）

中国大学 MOOC 也是经典智慧教育平台之一，该平台由网易和高等教育出版社（高教社）合作研发，承接教育部国家精品开放课程任务，该平台课程资源丰富、教学模式灵活，还能够提供认证与证书，推动了优质高等教育资源的开放共享，促进教育公平与终身学习。图 3-30 为中国科学技术大学在 MOOC 平台开设的 3D 动画与特效课程

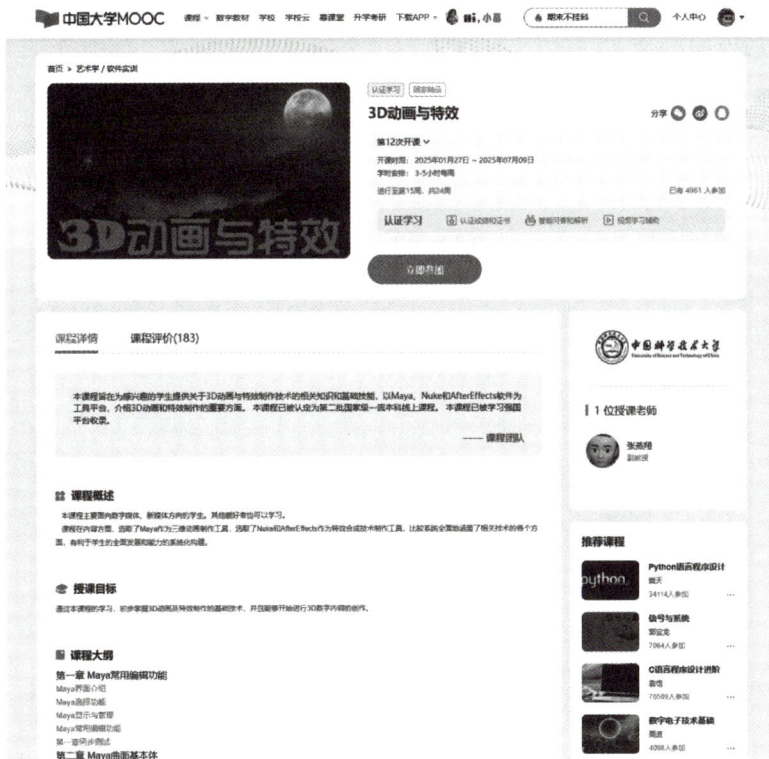

图 3-30 3D 动画与特效课程界面

界面，该课程按周分段，结构清晰，内容详实，每个章节均配有教学视频、课件资料、在线测验及讨论区，方便学生系统化、循序渐进地开展学习。平台还为完成全部学习任务并通过考核的学生提供详细的认证成绩单和官方证书，有效满足了广大高校学生和自主学习者在个性化、灵活化学习方面的多样化需求。

4.智慧校园与教育治理

人工智能在校园管理与教育决策中也逐渐扮演着越来越重要的角色。一方面，通过智能门禁、人脸识别、行为分析等技术手段，有效提升了校园安防水平，保障师生的日常安全。另一方面，借助大数据挖掘与智能分析，学校能够实现教学资源的智能调配、课程体系的动态优化以及教育资源的精准投放，推动教育治理体系向科学化、精细化、智能化方向发展，全面提升教育管理的现代化水平。

北京大学积极将人工智能技术融入校园管理实践，探索智慧校园建设新模式。为切实保障师生安全、提升出入管理效率，北大计算中心联合保卫部，历经多轮测试与优化，成功研发并部署了一套基于 AI 的人脸识别门禁系统。该系统采用先进的实时人脸识别算法，能够在瞬间从数万张人脸图像中精准提取并匹配特征信息，确保人员身份核验的高效与准确。与传统刷卡门禁相比，该系统实现了"无感通行"和智能防控，有效减少了冒用、尾随等安全隐患。目前，该系统已广泛应用于教学楼、实验室、宿舍楼等重点区域，覆盖面持续扩大，成为校园数字化安全管理的重要组成部分。图 3-31 展示的是北大学生在图书馆入口通过"刷脸"方式便捷入馆的场景，体现了 AI 技术在校园生活服务中的应用与实际成效。未来，该系统还将融合更多 AI 能力，如行为识别、异常预警等，进一步助力构建更加安全、高效、智慧的校园环境。

图 3-31　为北大同学正在图书馆门口"刷脸入馆"（图源：新华网）

3.5.3　总结与展望

尽管人工智能在教育领域已被广泛应用，为教学模式、学习方式和教育管理带来了深刻变革，但仍面临诸多挑战，如数据隐私保护不足、教育资源分布不均、算法透明性和公平性缺失、教师角色转变难度大，以及伦理责任界定不清等。这些问题不仅关系到技术本身的完善，也涉及制度、治理和教育理念的全面革新。

未来，AI 在教育中的发展需要更加注重"以人为本"的价值导向，加强数据治理体系建设，确保学生信息的安全与隐私；同时，要推动技术普惠，缩小数字鸿沟，实现教育资源的公平共享。此外，应建立健全 AI 系统的算法评估和伦理监管机制，提升其透明性与可信度，并强化教师的数字素养培训，推动人机协同发展。唯有在技术创新与制度保障双轮驱动下，人工智能才能真正助力教育高质量、个性化、可持续发展，迈向更加公平与智能的未来教育生态。

3.6　拓展阅读

作业帮智能批改系统

在传统教育教学中，作业批改是教师日常工作中最耗时、重复性最高的环节之一，尤其是在班级人数较多的情况下，教师难以做到逐题逐人分析反馈，学生也无法在第一时间获取针对性的学习建议。随着人工智能技术的发展，AI 正在重新定义这一教育环节。

"作业帮智能批改系统"是国内较早将人工智能大规模应用于中小学作业批改的实践案例。该系统集成了图像识别、自然语言处理（NLP）、知识图谱和深度学习等多项技术，能够自动识别学生上传的手写或拍照作业内容，并进行智能分析与评判。

首先，在图像识别阶段，系统会通过 OCR（光学字符识别）技术识别纸面书写的文字，支持不规则书写、涂改、图文混排等复杂场景，确保高精度的数据输入。随后，借助 NLP 技术和知识图谱模型，系统能够理解学生答案的语义内容，将其与标准答案进行比对，不仅判断对错，还能识别学生是否掌握了题目的核心知识点，是否存在答题思维偏差等。

系统支持多题型识别与批改，包括选择题、填空题、解答题乃至部分开放性问答题。例如，在一道数学解答题中，AI 可以按步骤判分，识别学生是否运用了正确的解题公式，即使最终结果错误，也能根据步骤给出部分得分；在语文学科中，系统则可以通过语言模型对学生的表述进行语义匹配，指出用词不当、逻辑欠缺等问题。

在教学实践中，这一系统极大提升了教师的工作效率，有教师反馈，原本需要 3 小时批改的一套作业，通过 AI 辅助仅需 30 分钟完成。同时，系统还会为每位学生生成个性化的学习报告，分析错题分布、薄弱知识点和学习行为模式，帮助教师精准教学、学生精准学习。

然而，这种 AI 系统也面临不少挑战。例如，主观题特别是作文的批改仍具有较高的技术门槛，AI 对写作风格、情感表达的理解尚不如人类教师灵活准确；同时，在使用过程中，学生数据的大规模采集与处理也引发了关于隐私保护与数据安全的担忧。此外，AI 系统是否存在算法偏差、是否会放大已有的教育不公平，也成为值得深思的社会问题。

3.7 小结

本章围绕人工智能在各行业中的应用展开介绍，紧扣当前技术发展背景和社会实际需求，系统梳理了 AI 技术在实际场景中的落地情况与应用价值。从现实问题与实际需求出发，分析了各行业在智能化转型过程中面临的挑战与痛点，明确了引入人工智能技术的必要性与紧迫性。随后，结合国内外最新实践案例，重点介绍了 AI 在农业、教育、医疗、交通、智慧城市等典型领域的关键应用场景，包括智能监测、精准决策、自动控制和个性化服务等多方面内容，展现了 AI 赋能传统行业转型升级的广阔空间。最后，对人工智能未来的发展方向进行了展望，随着 AI 技术的持续发展与相关法律法规的不断完善，人工智能将加速从"技术革新"走向"社会赋能"，成为引领新一轮产业变革和社会转型的重要引擎。通过学习本章，读者能够全面理解人工智能的实际应用与发展趋势，也为后续的学习打下了良好基础。

3.8 习题与讨论

1. 选择题

（1）个性化学习是 AI 在教育领域的重要应用方向。AI 个性化学习系统的核心优势是什么？（   ）

    A. 完全替代教师

    B. 根据学生能力动态调整教学内容

    C. 降低教育成本

    D. 减少学生作业量

（2）医疗领域：以下哪项技术不属于 AI 在医疗诊断中的应用？（　　）

    A. 医学影像分析

    B. 电子病历管理

    C. 手术机器人自主操作

    D. 基因测序仪硬件设计

（3）某三甲医院需要开发一个门诊分诊系统，要求能通过患者描述的文本症状（如"持续头痛伴恶心"）自动推荐就诊科室。最适用的 AI 技术是哪项？（　　）

    A. 计算机视觉（CV）分析患者面部表情

    B. 自然语言处理（NLP）中的文本分类技术

    C. 强化学习（RL）优化分诊流程路径

    D. 生成对抗网络（GAN）模拟病症图像

（4）某零售商希望通过监控视频自动识别货架商品缺货状态，需同时处理图像识别和库存数据。最佳组合方案是哪项？（　　）

    A. YOLO 目标检测 +SQL 数据库查询

    B. 决策树分类 + 区块链存证

    C. 贝叶斯网络预测 + 语音合成

    D. 遗传算法优化 +RFID 信号分析

（5）人工智能辅助医疗中的"辅助诊断系统"通常使用哪类 AI 模型对图像进行分析？（　　）

    A. 卷积神经网络（CNN）

    B. 循环神经网络（RNN）

    C. 生成对抗网络（GAN）

    D. 变换器模型（Transformer）

2. 填空题

（1）在智慧农业中，利用 _____ 技术对田间病虫害图像进行识别，农民可快速定位问题区域并采取防治措施。

（2）利用 _____ 模型对生产线上的产品缺陷进行视觉检测，可替代传统人工质检。

（3）在智慧教育平台中，系统借助 _____ 技术来分析学生答案的语义信息。

（4）物流行业中，基于人工智能的 _____ 技术能自动规划配送路线，降低运输成本并提升效率。

（5）在交通运输领域，AI 可基于 _____ 等算法，动态调整红绿灯时长，以提高路口通行效率。

3. 讨论

（1）结合"作业帮智能批改系统"案例，谈谈你如何看待 AI 在基础教育中对教师角色的影响。AI 是辅助工具，还是潜在的替代者？

（2）AI 在农业中提高了效率，但也带来了技术门槛、设备成本等问题。你认为如何才能实现 AI 农业的广泛普及？请结合实际提出你的看法。

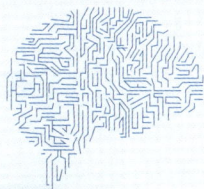

4 生成式人工智能

教学目标

知识目标：

◎ 掌握 AIGC 的定义、核心特征（生成性）、与传统 AI 的区别。

◎ 熟悉 AIGC 在文本、图像、音视频、代码等领域的主要应用场景。

◎ 初步了解大规模预训练、基础模型、提示工程、微调等关键概念及主流技术模型的作用。

◎ 认识 AIGC 带来的效率提升、创意激发等机遇。

能力目标：

◎ 能够体验并操作 1~2 种 AIGC 工具。

◎ 初步具备对 AIGC 生成内容进行审视、辨别真伪的意识。

◎ 能够初步思考 AIGC 技术在自身专业领域的潜在应用价值。

◎ 能够就 AIGC 相关问题进行提问与交流。

素质目标：

◎ 培养对 AIGC 等前沿技术的学习热情和初步的创新意识。

◎ 引导学生客观、辩证地看待 AIGC 的发展与影响。

◎ 认识新技术对职业的影响，树立终身学习和人机协作的理念。

◎ 培养学生负责任使用技术的态度。

学习导言

在之前的学习中，比如我们一起探索过的"人工智能基础"，大家可能已经对人工智能（AI）有了一些初步的印象。我们知道了 AI 能够像人一样感知环境、进行思考、做出决策，甚至在某些方面比人类做得更快、更准。我们谈到的 AI，更多的是那种"分析型 AI"，它们擅长从海量数据中找出规律，比如识别图片中的物体（这是猫还是狗？）、对邮件进行分类（这是不是垃圾邮件？）、预测明天的天气或者股票的涨跌。这些 AI 就像一个超级聪明的"分析大脑"，帮助我们理解世界，解决问题。

但是，AI 的世界远不止于此！如果说以前我们认识的 AI 更像一个逻辑严谨、善于分析的"学霸"，那么现在，AI 家族中涌现出了一批更像多才多艺、"脑洞大开"的"创作能手"。它们不仅能"看懂"世界，更能"创造"出全新的东西！

今天，就让我们一起揭开这些"创作型"AI 的神秘面纱，认识一位 AI 家族中炙手可热的新明星——生成式人工智能（Generative Artificial Intelligence），英文简称 AIGC。我们将深入探索 AIGC 是如何施展它的"创造魔法"，看看它能为我们的学习、工作和生活带来哪些前所未有的惊喜和可能性。

准备好了吗？让我们一起推开 AIGC 新世界的大门，看看这位人工智能领域的"神笔马良"将为我们描绘出怎样一幅波澜壮阔的未来画卷！

4.1 什么是 AIGC

扫码看微课
对应视频：4.1 什么是 AIGC

在我们正式踏入 AIGC 的奇妙世界之前，首先要搞清楚，这个听起来有点"高大上"的名词—— AIGC，到底是什么意思。其实，把它拆开来看，就非常容易理解了。

4.1.1 AIGC 的名字解读

AIGC 这个缩写，代表了三个关键词：

1. AI（Artificial Intelligence）：人工智能。这个大家已经比较熟悉了，就是让机器模仿人类的智能行为，比如学习、推理、感知、决策等。它是 AIGC 的技术基础和核心驱动力。

2. G（Generative）：生成式的。这是 AIGC 最核心、最与众不同的特点。"Generative"这个词来源于动词"generate"，意思是"产生"、"生成"。所以，"生成式"就强调了这类 AI 具备主动创造和产生新内容的能力。它不是简单地复制粘贴，也不是对现有内容的简单重组，而是能够创造出以前不存在的、全新的东西。

3. C（Content）：内容。这个词指 AIGC 能够生成的产出物。这些"内容"的形式非常多样化，几乎涵盖了我们日常接触到的所有信息载体，比如：

◎ **文本（Text）**：文章、故事、诗歌、邮件、代码、对话、新闻稿、广告语等。

◎ **图像（Image）**：照片、绘画、插图、设计图、漫画、logo 等。

◎ **音频（Audio）**：音乐、歌曲、语音、音效等。

◎ **视频（Video）**：短片、动画、演示视频等。

◎ **3D 模型（3D Models）**：游戏角色、建筑模型、产品原型等。

甚至更复杂的，如蛋白质结构、药物分子等。

所以，把这三个词组合起来，AIGC（生成式人工智能）的意思就非常明确了：它是一种能够利用人工智能技术，自主学习现有数据的模式和规律，并基于这些学习成果，创造出全新的、原创性的文本、图像、音频、视频、代码等多种形式内容的技术。

简单来说，AIGC 就是一种会"搞创作"的 AI。

4.1.2 AIGC 的核心特点：从"理解"到"生成"

要更好地理解 AIGC 的独特性，我们可以将它与我们之前更熟悉的传统 AI（通常被称为分析型 AI 或决策型 AI）进行对比：

1. 传统 AI（分析型 / 决策型）：更侧重于"理解"和"判断"。

（1）任务：它们的主要任务是对输入的数据进行分析、识别、分类、聚类、预测或基于规则进行决策。

（2）具体应用：

◎ **图像识别**：判断一张图片里是猫还是狗。

◎ **语音识别**：将你说的话转换成文字。

◎ **垃圾邮件过滤**：判断一封邮件是否是垃圾邮件。

◎ **人脸识别**：验证一个人的身份。

◎ **智能推荐**：根据你的浏览历史推荐你可能喜欢的商品或视频。

◎ **自动驾驶（部分决策）**：根据路况信息判断是否刹车、转向。

（3）输出：它们的输出通常是标签（如"猫"、"垃圾邮件"）、数值（如股票价格预测值），或者一个确定的决策（如"通过验证"）。这些输出是基于对现有数据的分析得出的结论或判断。

2. AIGC（生成式 AI）：更侧重于"创造"和"生成"。

（1）任务：它们的主要任务是学习现有数据中蕴含的模式、结构和风格，然后基于这些学习成果，创造出全新的、与训练数据相似但又不完全相同的内容。

（2）具体应用：

◎ **文本生成**：根据一个开头写一篇完整的故事。

◎ **图像生成**：根据一段文字描述画一幅画。

◎ **音乐生成**：创作一段符合特定情绪的背景音乐。

◎ **代码生成**：根据功能描述自动编写一段程序代码。

（3）输出：它们的输出是全新的内容本身，比如一篇新文章、一张新图片、一段新乐曲。

这里的关键区别在于，传统 AI 更多的是在"理解"世界，而 AIGC 则是在"创造"新的世界（或者说，创造世界的新表达），见表 4-1。

强调"原创性"和"新颖性"：虽然 AIGC 生成的内容是基于它所学习过的大量数据，但它并非简单地复制或拼接这些数据。优秀的 AIGC 模型能够捕捉到数据中更深层次的模式和关系，并在此基础上进行创新性的组合和演绎，从而产生出具有一定原创性和新颖性的内容。当然，这种"原创性"是相对于其训练数据而言的，它是在学习到的"规则"和"风格"的框架内进行的"再创作"。

AIGC 与传统 AI 的区别　　　　　　　　　　　　　　　　　表 4-1

维度	传统 AI	AIGC
核心功能	数据分析与分类	内容创造与生成
输出形式	结构化结果（如分类标签）	非结构化内容（如故事 / 画作）
技术重心	特征提取与模式识别	概率建模与序列生成

4.1.3　AIGC 的"学习素材"：海量数据是基石

那么，AIGC 是如何学会这些"创作技巧"的呢？答案和我们之前学习的机器学习一样，离不开一样东西——数据！而且是海量的、高质量的数据。

AIGC 模型就像一个勤奋好学的"学徒"，它需要通过"阅读"大量的"教材"（即训练数据）来掌握创作的精髓。

◎　如果想让 AI 学会写小说，就需要给它阅读成千上万本优秀的小说。

◎　如果想让 AI 学会画画，就需要让它"观摩"无数幅不同风格的画作。

◎　如果想让 AI 学会作曲，就需要让它"聆听"海量的音乐作品。

这些训练数据就是 AIGC 学习的基石。模型会从这些数据中学习词语如何组合成通顺的句子，颜色和线条如何构成美丽的图案，音符如何排列成动听的旋律。数据量越大、数据质量越高、数据覆盖的风格越广泛，AIGC 模型学习到的"技艺"就越精湛，生成的内容也就越丰富、越逼真、越有创意。

可以说，没有海量数据的"喂养"，就没有今天 AIGC 的惊艳表现。

4.1.4　通俗比喻

为了让大家更直观地理解 AIGC，我们可以用一些生活中的比喻：

AIGC 像一个学习了无数菜谱和烹饪技巧后，能根据你的要求创新菜品的"AI 大厨"。你告诉它你今天想吃点辣的、带海鲜的、做法新颖的菜，它就能结合自己学到的知识，为你"研发"出一道全新的、符合你口味的菜品，而不是从现有菜单里直接挑一道。

AIGC 像一个饱读诗书、博览群画后，能即兴赋诗作画的"AI 艺术家"。你给它一个主题，比如"春江花月夜"，它就能根据自己对这个主题意境的理解（来源于它学习过的大量相关诗词和画作），创作出一首全新的诗歌，或者画出一幅全新的画卷，既有古典的韵味，又可能有现代的巧思。

AIGC 像一位技艺高超的"模仿大师"和"融合创新者"。它能学习不同艺术家的风格，比如学习梵高的笔触、莫奈的色彩，然后根据你的要求，用梵高的风格画一只猫，或者用莫奈的风格描绘你家乡的风景。它甚至可以将不同风格进行融合，创造出前所未有的视觉效果。

通过这些比喻，相信大家对 AIGC 这个"会创造"的人工智能有了一个初步的印象。它不再仅仅是冰冷的机器，更像是一个潜力无限的"创作者"，正在用它独特的方式，为我们打开一扇通往全新内容世界的大门。

4.2 AIGC 的"十八般武艺"

扫码看微课
对应视频：4.2 AIGC 的"十八般武艺"

了解了 AIGC 是什么之后，大家肯定更关心的是：这个听起来很厉害的 AIGC，到底能为我们做些什么呢？它有哪些"看家本领"？别急，AIGC 的"十八般武艺"可真是不少，而且很多都与我们同学的学习、实习和未来的工作息息相关。下面我们就来一一盘点。

4.2.1 文字魔法师：AI 帮你写

在 AIGC 的众多能力中，文本生成无疑是目前应用最广泛、发展最成熟的领域之一。这些"文字魔法师"能够理解和生成自然流畅的人类语言，极大地提升了我们处理文字信息的效率和创造力，如图 4-1 所示。

问：请问今天的天气怎么样？

答：您好！要了解今天的天气情况，请提供您所在的城市或地区名称，我将为您查询实时天气信息。例如："请问北京市今天的天气如何？"

问：枣庄

答：最高气温：25℃。最低气温：17℃。平均气温：预计在17℃至25℃之间，整体气温较为适宜，适合户外活动。

温馨提示：白天较热，建议穿轻薄透气的衣物；傍晚可能有短暂阵雨，出行可携带雨伞。

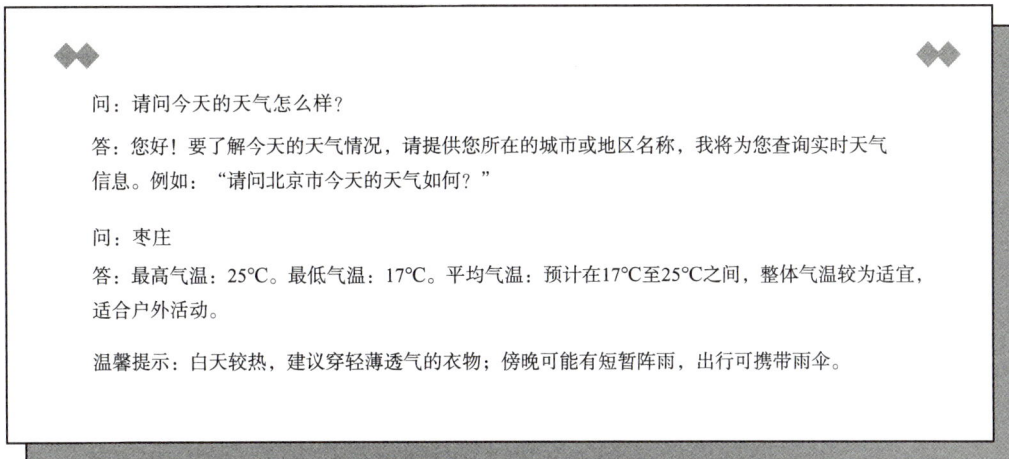

图 4-1　文本生成

代表应用：

1. 文心一言

文心一言是百度推出的一款基于大语言模型的人工智能对话生成系统。它是百度在人工智能领域的重要产品之一，专注于自然语言处理（NLP）技术，并且应用于生成式对话、文本生成、内容创作等多个场景。文心一言的推出标志着中国 AI 技术在自然语言处理和生成领域的进一步发展。

（1）主要功能

◎ **技术背景**：ERNIE（文心）大模型是百度基于大规模预训练语言模型架构进行的深度学习创新。与传统的语言模型不同，ERNIE 在训练过程中融入了知识图谱和结构化知识，使得其在理解语言、推理、回答复杂问题方面更具优势。ERNIE 的版本迭代，如 ERNIE 3.0，采用了跨模态学习的策略，能够更好地处理文本、图像等不同形式的数据。

◎ **多语言支持**：文心一言支持中文及其他语言的生成与理解，特别适用于中文用户，能够提供更精准、自然的中文文本生成体验。

◎ **自我学习与反馈机制**：文心一言在对话过程中会根据上下文进行自我学习，不断优化生成的内容，提升对话质量和准确度。

（2）使用场景

◎ **内容创作**：文心一言能够生成高质量的文章、小说、新闻稿和广告文案等。它不仅能根据用户提供的关键词生成内容，还能根据特定风格或语气进行创作，适用于营销、广告、公关等行业。

◎ **智能客服与聊天机器人**：文心一言可以作为企业的智能客服系统，与用户进行流畅的对话，解答常见问题、提供服务咨询等。

◎ **教育与知识问答**：它可以用于在线教育平台，通过与学生的互动来解答问题、解释概念、提供学习建议等。

◎ **创意写作与娱乐**：文心一言能够帮助用户生成诗歌、剧本、歌词等富有创意的文本，适用于娱乐行业和个人创作。

文本生成工具涵盖了从基础的自动写作、广告文案生成，到智能客服、情感分析等多种应用场景。随着大语言模型和深度学习技术的不断进步，这些工具的文本生成能力越来越强，能够满足不同行业对内容创作的需求。通过这些工具，个人创作者、企业以及内容平台可以大幅提高创作效率，生成个性化和高质量的文本内容。

4.2.2 绘画小天才：AI 帮你画

如果说文字生成 AI 是"笔杆子"，那么图像生成 AI 就是"画板上的魔术师"。它们能够将你的想象力可视化，将文字描述变成一幅幅精美的图像，见图 4-2。

图 4-2 图片生成

代表应用：

1. 腾讯 AI Lab ——图像生成模型

开发公司：腾讯

特点：腾讯的 AI 实验室开发了多个基于深度学习的图像生成模型，其中包括一些基于生成对抗网络（GANs）的系统，能够生成高质量的图像。腾讯在图像生成领域的应用涵盖了从生成艺术图像到游戏场景设计等多个方向。

应用场景：游戏场景与角色生成、社交媒体图像创作与个性化图像生成、艺术创作与动漫角色设计

2. 华为—— MindSpore AI

开发公司：华为

特点：华为推出的 MindSpore 是一个 AI 计算框架，其中包括多个用于图像生成和深度学习的功能模块。通过 MindSpore，华为的 AI 研究团队开发了可以生成图像的深度学习模型，涉及计算机视觉（CV）和生成对抗网络（GANs）的结合。

华为的图像生成模型在自然场景图像生成、超分辨率图像生成等方面具有较强的优势，且华为还注重将这些技术应用于实际的智能终端产品中，如手机和智能设备。

应用场景：图像增强与超分辨率、自然场景图像生成与虚拟现实、图像分析与智能监控。

国内的图像生成模型已经取得了长足进展，许多领先的科技公司和研究机构已经推出了多个具有竞争力的产品。这些模型不仅能生成图像，还能处理多模态任务，具备跨领域的应用能力。在未来，随着技术的进一步发展，国内的图像生成模型可能会在创意产业、教育、娱乐、广告和电商等领域发挥越来越重要的作用。

4.2.3 音乐 / 音频多面手：AI 帮你听说

扫码看微课
对应视频：4.2.3 音乐音频多面手

除了文字和图像，AIGC 在声音的世界里也大有可为。无论是创作悠扬的乐曲，还是模拟逼真的语音，AI 都能让你耳目一新，见图 4-3。

图 4-3　音乐生成

代表应用：

1. 科大讯飞——"讯飞语音合成"

开发公司：科大讯飞

特点：讯飞语音合成，是国内最成熟的语音生成技术之一，凭借其领先的 TTS（Text-to-Speech）技术，能够将文本快速转化为自然流畅的语音，支持多种方言和语言。

讯飞语音合成具有多种情感语调，可以调节语速、语气和情感表达，提升语音的自然性。此外，讯飞语音合成还可以在短时间内生成大量音频内容，广泛应用于智能客服、语音助手等场景。

应用场景：

◎　**语音助手**：如智能家居、语音助手等产品。
◎　**语音导航**：智能交通、汽车导航系统等。
◎　**播报和字幕生成**：如新闻播报、广告配音等。
◎　**个性化语音生成**：为不同应用场景生成定制的语音。

2. 小米——"小米语音合成"

开发公司：小米

特点：小米语音合成，提供的语音合成技术，专注于提升智能家居和智能设备中的语音交互体验。其技术支持多种音色和语音风格定制，语音输出清晰自然，能适应多种生活场景。

应用场景：

◎ **智能家居**：小米音箱、米家智能家居等产品的语音控制和反馈。
◎ **儿童学习**：语音辅助学习工具，适合儿童语言学习。
◎ **语音助手**：提供给用户语音交互的体验，如语音搜索、语音助手等。

3. 字节跳动——"字节跳动音频生成平台"

开发公司：字节跳动

特点：

字节跳动推出的音频生成平台，结合了其在短视频领域的优势，提供高质量的音频合成与音效生成工具，支持多种风格和情感的音频输出。

该平台结合了音频与视频的生成，能够为内容创作者提供音效、配音和背景音乐等一体化解决方案。

应用场景：

短视频与直播配音：为短视频创作者提供自动配音和音效服务。

社交媒体内容创作：为创作者提供音乐、音效和语音服务，提升内容的吸引力。

广告与营销：定制化的广告语音与背景音生成。国内的音频生成工具已经从基础的语音合成技术，逐步发展到多种多样的音频生成应用，包括语音助手、智能客服、虚拟主播、音效创作等。随着深度学习、自然语言处理和语音合成技术的不断进步，国内的音频生成工具正在向更加多样化和个性化的方向发展，能够满足各行各业对音频内容的需求。

4.2.4 视频剪辑/创作新星：AI 帮你看

视频是当下信息传播最热门的形式之一，AIGC 自然也不会放过这个领域。虽然视频生成的技术难度相对更高，但发展速度惊人，已经展现出巨大的潜力，见图4-4。

代表应用：

1. 腾讯云——"腾讯云视频 AI"

开发公司：腾讯

特点：腾讯云视频 AI 是腾讯推出的集视频生成、处理、分析为一体的工具平台。腾讯云提供了基于 AI 技术的视频生成、编辑、自动化剪辑、智能字幕、音频处理等服务。

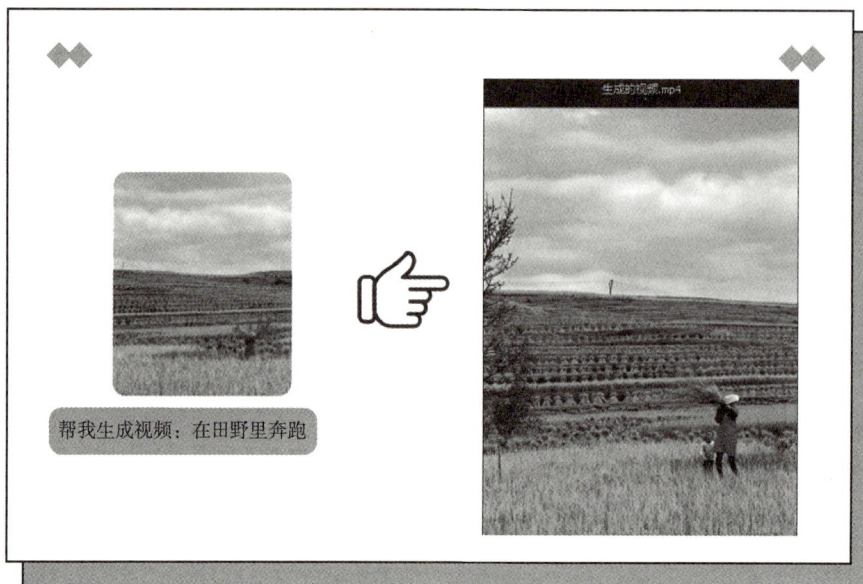

图 4-4　视频生成

腾讯云的视频 AI 工具通过深度学习和自然语言处理，能够帮助用户实现从视频剪辑、自动化字幕生成，到视频内容分析等多种功能，极大提高了视频制作的效率。

应用场景：

企业视频内容生成：帮助企业快速生成产品介绍、宣传片、培训视频等。

直播和短视频平台：为内容创作者提供智能化的内容编辑和创作工具。

媒体行业：为新闻机构和电视台提供视频内容的自动化生成与优化服务。

2. DeepBrain

功能：

DeepBrain 通过 AI 技术生成视频内容，支持将文本转化为带有虚拟人像的视频，生成内容包含字幕、语音合成和图像。它可以通过不同的虚拟人物生成风格独特的视频，适合用作广告、教育或品牌宣传。

应用场景：虚拟主播与在线教育、企业宣传与品牌内容创作、多语言自动生成内容。

优点：自然语音与虚拟人物的结合，生成的内容更加生动有趣。适合全球化企业，支持多语言视频内容。

3. 云从科技——"AI 视频创作平台"

开发公司：云从科技

特点：AI 视频创作平台　是云从科技推出的一个基于人工智能的视频创作工具，支持从文本生成视频、虚拟人生成和视频风格转化等功能。云从科技的视频生成工具采用了先进的计算机视觉和深度学习技术，能够生成高质量的视频内容，并支持视频风格定制化。

应用场景：

◎ **智能客服与虚拟主持人**：生成虚拟形象和自动化主持人。
◎ **广告视频创作**：帮助品牌自动生成创意视频内容。
◎ **教育和培训视频**：为教育行业生成个性化视频内容。

视频生成工具正在快速发展，涵盖了从短视频创作、自动化剪辑、虚拟主播到影视特效等多个应用领域。随着人工智能技术的不断进步，这些工具的功能也在不断丰富，能够为内容创作者、广告商、教育机构等提供高效的视频生产工具。

4.2.5 编程好帮手：AI 帮你编程

扫码看微课
对应视频：4.2.5 编程好帮手：
AI 帮你编程

对于计算机相关专业的同学，或者对编程感兴趣的同学来说，AIGC 在代码生成方面的能力绝对是一个福音。它能像一个经验丰富的编程伙伴一样，为你提供帮助，见图 4-5。

图 4-5 AI 编程

代表应用：

通义灵码（阿里）：阿里巴巴推出的智能编码助手，基于通义大模型，提供代码智能生成、研发智能问答等功能，支持多种编程语言和开发环境，具有强大的代码续写和优化功能，特别适用于企业级项目的代码生成和优化。

豆包 MarsCode（字节）：字节跳动推出的 AI 辅助编程工具，包含编程助手和 Cloud IDE 两种产品形态。通过 AI 技术，豆包 MarsCode 为开发者提供代码补全、单测生成、Bug 修复等功能，帮助开发者在需求开发、Bug 修复、开源项目学习等场景中实现高效编程。

腾讯云 AI 代码助手（腾讯）：腾讯云提供的 AI 代码生成和辅助工具，基于腾讯混元代码大模型开发的辅助编码工具，可为开发者及企业提供代码智能补全、技术对话、代码诊断、单元测试等 AIGC 服务。该工具支持 Python、Java、C/C++、Go 等数十种编程语言或框架，适配 VS Code、JetBrains 等主流开发环境，致力于缩短开发学习曲线并规范代码编写。

GitHub Copilot（微软 /OpenAI）：国际上非常流行的 AI 编程助手，与 VS Code 等编辑器深度集成，它支持多种主流语言，集成在 VS Code 等常用 IDE 中，能够提供即时的代码建议和补全功能。尤其适用于小型项目和日常编码中的重复性任务，能够大幅提升工作效率。

4.2.6　更多领域探索

除了上述几个主要领域，AIGC 的触角还在不断延伸，在许多更专业、更前沿的领域也开始崭露头角：

（1）游戏内容生成：自动生成游戏中的地图、关卡、角色、道具、剧情对话等，降低游戏开发成本，增加游戏内容的多样性和可玩性。

（2）3D 模型生成：根据文本或 2D 图片生成 3D 模型，广泛应用于游戏、动画、虚拟现实（VR）、增强现实（AR）、工业设计等领域。

（3）药物研发与材料设计：AI 可以学习现有化合物的结构和性质，生成具有特定疗效潜力的新药物分子，或者设计具有特定性能的新材料，极大地加速研发进程。

（4）科学研究：辅助生成实验方案、分析数据、撰写论文初稿。

（5）个性化教育：生成定制化的学习计划、练习题、辅导内容。

（6）时尚设计：生成新的服装款式、图案设计。

这些领域的探索虽然对学生来说可能不那么直接相关，但了解它们有助于我们认识到 AIGC 技术的广阔前景和颠覆性潜力。

总而言之，AIGC 就像一把瑞士军刀，拥有多种多样的"武艺"，正在从方方面面改变着我们创作、学习和工作的方式。对于我们来说，尽早了解并尝试使用这些工具，无疑能为我们的未来发展增添重要的砝码。

4.3 AIGC 为什么这么厉害

看到 AIGC 能施展这么多令人惊叹的"魔法"，大家一定很好奇：这些 AI 到底是怎么学会这些本领的？它们的大脑里究竟藏着什么秘密？别担心，我们不需要深入到复杂的数学公式和代码细节中，只需要了解一些核心的基本原理，就能大致明白 AIGC 为什么这么"神"。

4.3.1 大规模预训练数据

这一点我们在前面已经提到过，但它实在太重要了，必须再次强调。AIGC 模型之所以能够生成如此丰富多样的内容，其最根本的基础就是海量的、高质量的训练数据。

（1）文本模型：学习了互联网上几乎所有的公开文本，包括书籍、新闻、网页、论坛、代码库等等，数据量可能达到 TB 甚至 PB 级别（1PB = 1024TB，1TB = 1024GB）。

（2）图像模型：学习了数十亿张带有文字描述的图片，这些图片涵盖了各种物体、场景、风格。

（3）音频 / 视频模型：同样需要大量的音频和视频数据进行训练。

就像一个人要想成为某个领域的专家，比如文学家、画家或音乐家，他必须首先进行大量的输入——阅读无数经典名著，观摩无数传世画作，聆听无数优秀乐曲。只有积累了足够多的"素材"和"见识"，才能融会贯通，最终形成自己的创作能力。AIGC 也是如此，这些海量的训练数据就是它的"教材"和"阅历"。

模型通过分析这些数据，学习其中蕴含的统计规律、模式、结构、风格以及不同元素之间的关联性。比如，文本模型学习词语与词语之间的搭配关系、句子结构、段落组织方式；图像模型学习颜色、形状、纹理如何组合成特定的物体或场景，以及某种艺术风格的典型特征。

4.3.2 基础模型

近年来 AIGC 技术能够取得突飞猛进的发展，很大程度上得益于一个重要概念的出现和实践——基础模型，有时也被称为大规模预训练模型。

（1）什么是基础模型

可以把基础模型想象成一个知识渊博、能力全面的"预科生"。这个"预科生"通过在海量的、多样化的、通常是无标签的数据上进行大规模的"通识教育"（即预训练），已经掌握了关于世界的大量常识性知识、语言规则、图像特征、声音模式等等。例如，像 GPT 系列（ChatGPT 的基座模型）、BERT、DALL-E、Stable Diffusion 的底层模型，都属于基础模型的范畴。

（2）它们是如何学习的？——自监督学习基础模型通常采用一种叫作"自监督学习"的方式进行训练。简单来说，就是在没有人工标注"正确答案"的情况下，模型自己从数据中寻找学习信号。

对于文本模型：比如"完形填空"任务，随机遮盖掉一句话中的某些词，让模型去预测这些被遮盖的词是什么；或者"下一句预测"任务，给模型一句话，让它预测接下来最可能出现的句子是什么。通过大量这样的练习，模型逐渐学会了语言的规则和上下文的联系。

对于图像模型：比如给模型一张打乱顺序的图片块，让它恢复原状；或者给图片加一些噪声，让它去除噪声还原清晰图片。

（3）基础模型的优势

强大的泛化能力：由于学习了海量多样化的数据，基础模型具备了较强的理解和生成能力，能够处理多种不同类型的任务。

降低后续任务的门槛：有了这样一个强大的"预科生"，当我们需要它去完成某个特定的专业任务时（比如写医学报告、画特定风格的画），就不需要再从零开始教它了，只需要在基础模型的基础上进行少量的"专业课"学习（即微调，后面会讲到）即可。这大大节省了训练时间和数据需求。

基础模型的出现，使得构建高性能的 AIGC 应用变得更加高效和可行。

4.3.3 提示工程

有了强大的基础模型，我们如何指挥它为我们生成想要的内容呢？这就需要用到一个非常关键的技巧——提示语（也叫提示词）。

（1）什么是提示语

提示语就是我们给 AIGC 模型下达的指令、提出的问题或描述的需求。它通常是一段自然语言文本，告诉模型我们希望它做什么，生成什么内容，以及内容的风格、格式等要求，见图 4-6。

对于文本生成模型，提示可以是："写一首关于夏夜星空的五言绝句"，"帮我写一封邀请函，邀请李明参加周五下午三点的项目研讨会，地点在公司会议室 A"，"总结一下这篇关于人工智能发展趋势的文章的主要观点"。

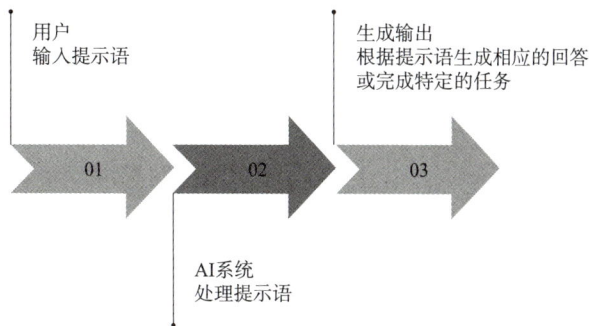

图 4-6　提示语流程

对于图像生成模型，提示可以是："一只可爱的卡通小狗，戴着红色的帽子，背景是彩虹""梵高风格的向日葵田，傍晚时分""一张未来城市的科幻插画，细节丰富，电影级光效"。

（2）提示语的重要性

"问对问题很重要！"AIGC 模型虽然强大，但它并不能完全"读懂"你的心思。你给出的提示的质量，直接决定了 AIGC 生成内容的质量、相关性和满意度。一个清晰、具体、结构良好的提示，能引导模型更好地理解你的意图，从而生成更符合期望的结果。相反，一个模糊、笼统或有歧义的提示，可能会让模型"摸不着头脑"，生成一些不相关或质量不高的内容。因此，如何设计和优化提示，就成了一门学问，这就是所谓的提示工程。

提示工程就是研究如何通过设计、构造和优化提示，来更有效地引导和控制 AIGC 模型生成期望输出的技术和方法。它可能包括：

明确指令：清晰地告诉模型要做什么（如"翻译""总结""生成""解释"）。

提供上下文：给出必要的背景信息，帮助模型理解任务。

指定风格和格式：要求特定的写作风格（如正式、幽默、专业）、图像风格（如写实、卡通、水墨）、输出格式（如列表、段落、代码块）。

给出示例：在提示中提供一两个例子，向模型展示你期望的输入输出格式或风格。

逐步引导：对于复杂的推理任务，可以引导模型一步步思考，输出中间的推理过程，从而得到更准确的结果。

迭代优化：第一次生成的可能不完美，需要根据结果不断调整和改进提示。

提示词就像是你给"神笔马良"下达的具体作画要求。如果你只说"画一匹马"，他可能会画出各种各样的马。但如果你说"画一匹正在草原上奔跑的、毛色乌黑发亮的骏马，背景是夕阳和远山"，那么马良就能画出更接近你想象的作品。提示工程就是教你如何把这个"作画要求"说得更清楚、更有效。因此，要想通过提示语让 AI 给出详细的操作，实现效果倍增的目的，我们应该通过四个主要策略实现，如图 4-7 所示。

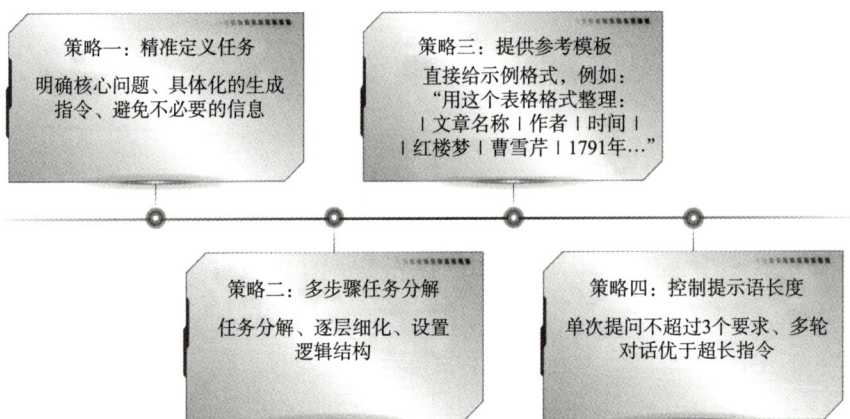

图 4-7　提示语生成策略

掌握一定的提示技巧，能让你更好地驾驭 AIGC 这个强大的工具。

4.3.4　微调和下游任务适应

虽然基础模型已经很强大了，但它们毕竟是"通才"。如果我们想让 AIGC 在某个特定的专业领域或特定任务上表现得更出色，就需要对其进行"专业化培养"，这个过程通常叫作微调。

微调是指在一个已经预训练好的基础模型之上，再用一个规模相对较小的、与特定任务或领域相关的有标签数据集进行进一步的训练。比喻：就像那位知识渊博的"预科生"（基础模型），在完成了通识教育后，如果他想成为一名医生，就需要进入医学院学习专业的医学知识和临床技能（微调过程），使用医学教材和病例数据（特定领域数据集）进行深造。

（1）微调的作用

领域适应：让模型学习特定领域的专业术语、知识和表达方式。比如，一个通用的文本模型微调后可以更好地撰写法律文书或医学报告。

任务适应：让模型更擅长完成某一类特定的任务。比如，一个通用的图像模型微调后可以更精准地识别某种特定类型的工业零件缺陷。

风格迁移/定制：让模型学习并生成特定风格的内容。比如，微调模型以模仿某位特定作家的写作风格。

（2）微调的优势

高效：相比于从零开始训练一个专业模型，微调通常只需要较少的数据和计算资源，训练时间也更短。

效果好：能够充分利用基础模型的强大能力，并在特定任务上达到很好的性能。

通过微调，AIGC 模型能够更好地"举一反三"，将从海量通用数据中学到的知识和能力，迁移并应用于各种具体的下游任务，从而在更广泛的场景中发挥价值。

4.3.5 核心技术模型简介

在 AIGC 的背后，有一些非常核心流程。我们不需要了解它们的具体细节，但知道它们的名字和大致作用，有助于我们更全面地认识 AIGC。

1. 数据准备

数据收集：广泛收集与生成内容相关的各种数据，这些数据可以是文本（如新闻文章、小说、论文等）、图像（照片、绘画等）、音频（音乐、语音等）或视频等多种形式。例如，若要训练一个生成图像的 AIGC 模型，就需要收集大量不同风格、主题的图像数据。

数据清洗：对收集到的数据进行清洗，去除其中的噪声、错误数据和重复数据。比如在文本数据中，剔除包含乱码、格式错误的文本内容。

数据标注：对于一些需要特定标签的数据，进行人工或自动标注。如在图像分类任务中，为每张图像标注其所属的类别标签。

2. 模型训练

选择合适的模型架构：根据生成内容的类型和需求，选择合适的人工智能模型。常见的模型有用于文本生成的 Transformer 模型（如 GPT 系列）、用于图像生成的生成对抗网络（GAN）及其变体（如 DCGAN、Pix2Pix 等）、变分自动编码器（VAE）等。

模型训练：将准备好的数据输入到选定的模型中，通过优化算法（如随机梯度下降等）不断调整模型的参数，使模型能够学习到数据中的模式和规律。例如，在训练语言模型时，通过预测下一个单词来不断优化模型参数，使其能够生成连贯、符合语法和语义的文本。

3. 内容生成

设定生成条件：根据具体的需求，为模型设定生成内容的条件。例如，在文本生成中，可以指定生成文本的主题、长度、风格等；在图像生成中，可以设定图像的尺寸、颜色风格、物体类别等。

生成操作：将设定好的条件输入到经过训练和优化的模型中，模型根据学习到的知识和设定的条件生成相应的内容。例如，输入"以自然风光为主题，生成一幅油画风格的图像"，图像生成模型就会输出符合要求的图像。

4.后处理优化

内容筛选与过滤：对生成的内容进行筛选，去除不符合要求或质量较低的内容。例如，在文本生成中，过滤掉包含敏感词汇或逻辑混乱的文本。

内容调整与优化：根据实际需求，对生成的内容进行进一步的调整和优化。如对生成的图像进行色彩校正、裁剪等操作；对生成的文本进行语法检查、润色等。

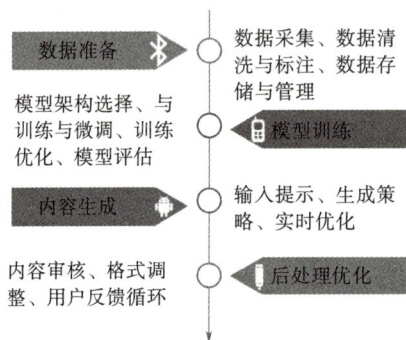

图 4-8　AIGC 的四个主要阶段

AIGC 的四个主要阶段（图 4-8）的名字听起来可能有点复杂，但同学们只需要大致了解它们是 AIGC 实现"魔法"的几种重要"配方"或"引擎"就可以了。它们各自有擅长的领域和独特的"工作方式"。真正理解它们的内部原理需要深入的数学和计算机知识，对于我们来说，更重要的是学会如何使用基于这些技术的 AIGC 工具，并理解它们能做什么、不能做什么。

通过了解这些简化的流程，我们能更好地认识到，AIGC 的"魔法"并非凭空而来，而是建立在海量数据、巧妙的算法模型和强大的计算能力之上的科学与工程的结晶。

4.4　拓展阅读

与 AIGC 共舞，创造你的精彩

通过今天的探索，相信大家对生成式人工智能 AIGC 这个"神通广大"的新伙伴，已经有了更清晰、更全面的认识。我们知道了它是什么，它能做什么，它背后的基本原理，以及它为我们带来的机遇和挑战。

AIGC 不仅仅是一项酷炫的技术，它更是一场正在深刻改变我们内容创作方式、信息获取方式乃至思维方式的革命。它像一位不知疲倦的创作者，用代码、像素和比特流，不断生成着新奇的内容，拓展着人类想象力的边界。

对于我们的同学们来说，AIGC 的到来，意味着：

它是一个强大的工具：能够帮助我们提高学习效率，辅助完成各种任务，降低创作门槛。

它是一个智慧的伙伴：能够为我们提供灵感，回答疑问，拓展知识面。

它更是一个未来的趋势：预示着人机协作将成为未来工作和生活的新常态。

面对这样一个充满无限可能的 AIGC 时代，我们不必焦虑，更不必恐惧。我们应该以积极的心态去拥抱它，以理性的眼光去审视它，以负责任的态度去使用它。

展望未来，AIGC 将与各行各业进行更深度的融合。无论是设计师、程序员、营销人员，还是教师、医生、科研工作者，都可能在 AIGC 的助力下，更高效、更有创意地完成工作。掌握 AIGC 相关的知识和技能，无疑将为我们个人的职业发展插上"智能的翅膀"，让我们在未来的职场中更具竞争力。

行动起来吧，从现在开始，去主动探索 AIGC 的奇妙世界，去尝试使用那些触手可及的 AIGC 工具，去思考如何将它融入你的学习和生活中。让 AIGC 成为你披荆斩棘的利器，成为你创新创造的源泉，成为你未来职业生涯中的得力助手。

与 AIGC 共舞，用智慧和汗水，去创造属于你们每一个人的精彩未来！人工智能的时代已经来临，而你们，正是这个时代最富有活力和创造力的新生力量！

4.5　小结

本章揭示了其作为内容创作革命性工具的巨大潜力。阐释了 AIGC 如何通过学习海量数据，掌握生成文本、图像、音视频乃至代码等多样内容的能力，从而赋能千行百业，极大提升创作效率、激发无限创意，并催生新的应用场景与工作模式。同时，本章也点出了 AIGC 发展中伴随的挑战，呼吁大众理性看待并负责任地拥抱这项变革性技术，共同探索其健康发展之路。

4.6　习题与讨论

1. 选择题

（1）AIGC 的核心能力是基于什么进行内容创作的?（　　　）

    A. 预设的固定规则

    B. 实时的人工指令

    C. 对海量数据的学习和模式识别

    D. 随机的算法组合

（2）下列哪项不属于 AIGC 能够生成的内容类型？（　　）

    A. 新闻报道和小说故事

    B. 绘画作品和音乐片段

    C. 计算机代码和视频短片

    D. 物理世界的真实物体

（3）根据文章，AIGC 对各行各业最显著的积极影响之一是什么？（　　）

    A. 完全取代人类工作

    B. 大幅提升创作效率和激发创意

    C. 解决所有复杂的科学难题

    D. 保证信息的绝对真实性

（4）提到 AIGC 的应用，以下哪个描述最准确？（　　）

    A. 主要局限于科研领域

    B. 仅能用于娱乐和艺术创作

    C. 能够赋能多个行业，如文本、图像、音视频等

    D. 目前技术尚不成熟，无法实际应用

（5）AIGC 中的"G"代表什么意思？（　　）

    A. General（通用的）

    B. Generative（生成式的）

    C. Global（全球的）

    D. Genius（天才的）

2. 填空题

（1）AIGC 指的是 ＿＿＿＿＿＿＿＿ 人工智能。

（2）AIGC 通过学习海量的 ＿＿＿＿＿＿＿＿ 来掌握生成新内容的能力。

（3）AIGC 不仅能生成文本、图像，还能生成 ＿＿＿＿＿＿＿＿ 和代码等。

（4）AIGC 的应用可以极大地提升 ＿＿＿＿＿＿＿＿，并激发无限的创意。

（5）AIGC 的出现，可能会催生新的应用场景和 ＿＿＿＿＿＿＿＿ 模式。

3. 讨论

（1）你认为我们应该如何"负责任地拥抱"AIGC 这项变革性技术，以促进其"健康发展之路"？请提出至少两点具体建议。

（2）除了文章中提到的文本、图像、音视频和代码生成，你还能想到 AIGC 在哪些其他领域可能有创新的应用？试举一例并简要说明。

第三篇

人工智能未来

AI

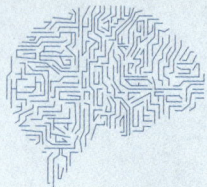

5

人工智能的无限潜能

教学目标

知识目标：

◎ 识别 AI 在日常生活、工作、学习等场景中的具体应用实例。

◎ 了解 AI 在工业智能、智慧城市、医疗健康等领域的关键应用模式。

◎ 阐述 AI 在教育领域实现个性化学习、降低编程门槛的核心机制。

◎ 了解 AI 发展面临的主要挑战与风险。

◎ 认识 AI 未来发展的主要趋势。

◎ 理解"AI 素养"的内涵，认识其对未来个体发展的重要性。

能力目标：

◎ 能够识别并初步使用简单的 AI 工具来辅助学习或解决实际问题。

◎ 能够分析具体 AI 应用案例背后的基本技术原理和实现效果。

◎ 能够运用批判性思维，分析 AI 应用中可能存在的风险和陷阱。

◎ 能够基于对 AI 能力的理解，构思创新性的 AI 应用场景。

◎ 能够初步评估不同 AI 解决方案在特定场景下的优劣势。

素质目标：

◎ 培养对人工智能技术发展趋势的关注和好奇心。

◎ 树立积极拥抱技术变革、主动学习新知识新技能的态度。

◎ 培养科学精神，既认识到 AI 的巨大潜能，也理解其当前局限性。

◎ 认同 AI 技术服务于社会发展和人类福祉的价值导向。

◎ 激发将个人发展融入国家 AI 发展战略的责任感与使命感。

◎ 学会在 AI 时代保持独立思考和判断能力。

学习导言

当你饥肠辘辘地在手机屏幕上确认订单时，一个复杂的智能调度系统已经开始高速运转。它不仅计算着餐厅出餐时间、骑手当前位置、路况拥堵指数，甚至还可能预测着你所在宿舍楼下电梯的等待时长。最终，原本可能需要在食堂排队 15 分钟才能取到的餐，现在可能只需要 3 分钟，热腾腾地送达你手中。这背后，正是人工智能（AI）技术在悄无声息地优化我们的生活。这并非科幻小说的情节，而是正在发生的现实。数据更能说明趋势：据统计，截至 2023 年底，中国在人工智能领域的专利申请数量已占全球总量的 43% 以上，稳居世界第一。AI 不再是遥远未来的想象，它正以前所未有的速度渗透、重塑我们世界的每一个角落。那么，你是否思考过，这场席卷全球的智能革命，将如何定义你的大学专业、你未来的职业生涯，乃至你整个人生轨迹？你的专业在未来可能涌现哪些你从未想象过的新职业形态？让我们一起，深入这场激动人心的技术跃迁，探索人工智能那无限的潜能。

5.1 智能生产力革命

扫码看微课
对应视频：5.1 智能生产力革命

人工智能对工作领域的影响，绝非简单的"机器换人"，而是一场深刻的生产力关系和职业生态的结构性变革。它正以前所未有的力量，打破传统的工作模式，催生全新的职业形态，并将人类从重复、繁琐的劳动中解放出来，转向更具创造性和战略性的价值创造。

5.1.1 职业生态重构：从"被替代"到"共进化"

谈及 AI 与工作，许多人首先想到的是"岗位消失"。确实，一些标准化、重复性高的职位正面临挑战。以京东为例，其智能客服系统"言犀"能够处理超过 90% 的客户咨询，覆盖售前、售中、售后全链路，极大地提高了服务效率和用户满意度，同时也导致了传统电话客服和在线咨询岗位的需求量大幅缩减。这似乎印证了"AI 抢饭碗"的担忧。

然而，硬币总有另一面。岗位的消亡往往伴随着新机遇的诞生。就在传统客服岗位面临转型的同时，一个全新的职业——人工智能训练师——应运而生，并已被中国人力资源和社会保障部正式列为新职业。AI 训练师做什么？他们就像是 AI 的"老师"和"教练"，负责收集、标注数据，设计训练策略，评估模型效果，并根据反馈进行优化，让 AI 变得更聪明、更"懂"业务场景。京东的智能客服背后，就离不开大量 AI 训练师的辛勤工作，他们需要理解用户意图、标注对话数据、优化应答逻辑，确保 AI 能够准确、高效地解决问题。

1.冷暖数据对比

冷数据（2015 年）：大型呼叫中心是劳动密集型产业的代表，客服人员数量动辄成千上万，是许多城市解决就业的重要渠道。岗位技能要求相对单一，主要集中在沟通表达和产品知识。

暖数据（2023 年）：根据人社部数据，预计到 2025 年，中国 AI 人才缺口将超过 500 万，其中 AI 训练师、数据标注师等新兴岗位需求旺盛。这些岗位不仅需要基础的沟通能力，更需要数据分析、逻辑思维、甚至特定行业知识的复合能力。从单一技能到复合技能，从执行者到赋能者，这正是 AI 时代职业变迁的缩影。

除了 AI 训练师，近年来涌现的 AI 相关新职业还包括：数据标注师、AI 算法工程师、自然语言处理工程师、计算机视觉工程师、AI 产品经理、智能硬件工程师、AI 伦理与治理顾问、算法审计师等等（图 5-1）。这些新职业不仅数量庞大，而且覆盖了从技术研发、产品设计到应用落地、伦理规范的全链条。

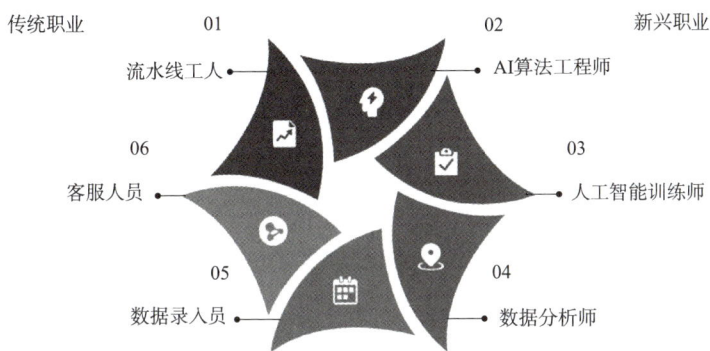

图 5-1　新兴职业与传统职业

2. 痛点改造建议

痛点：许多大学生在实习或初入职场时，常被分配到大量重复性、低价值的数据整理、信息录入等"打杂"工作，感觉学无所用，缺乏成就感。

AI 改造建议：未来，这类工作将越来越多地被 RPA（机器人流程自动化）和 AI 工具接管。大学生可以将精力聚焦于学习如何使用和管理这些 AI 工具，例如，学习使用 Python 脚本自动化处理 Excel 表格，利用 AI 进行初步的市场调研报告撰写，或者学习配置 RPA 流程优化团队内部协作。你的价值将不再是简单地执行任务，而是设计和优化智能化的工作流程。这意味着你需要培养计算思维、数据素养和人机协作能力。

5.1.2　知识工作升级：AI 成为"超级大脑"

AI 的影响远不止于取代重复劳动，它正深入到需要高度认知能力的知识工作领域，成为专业人士的强大"外挂"和"超级大脑"。

以金融财会风控领域为例，这是一个典型的知识密集型行业，依赖专业人士的经验和判断力。然而，面对海量的交易数据、复杂的法规条款和不断变化的风险模式，人类的处理能力和效率往往达到瓶颈。AI 大模型及其行业应用，正在改变这一局面。

　　智能审计：传统审计需要审计师抽取样本进行检查，耗时耗力且可能遗漏风险。基于 AI 大模型的智能审计系统，可以对企业全量的财务数据进行实时分析，自动识别异常交易模式、潜在的财务造假线索，以及不符合法规要求的操作，将风险识别的覆盖面和准确率提升数倍。

　　合同智能审阅：审核一份复杂的金融合同可能需要资深法务或风控专家数小时甚至数天。AI 可以快速阅读并理解合同条款，自动识别关键风险点、不合规条款、缺失要素，甚至能与历史合同进行比对，发现潜在的法律风险，将审阅效率提升数十倍，并减少人为疏漏。

　　智能投研：AI 能够实时抓取、分析全球范围内的宏观经济数据、行业报告、公司财报、新闻舆情、社交媒体讨论等海量信息，快速生成投资研究摘要、风险预警、市场趋势预测，辅助基金经理、分析师做出更明智的投资决策。

　　在这些场景中，AI 并非取代了会计师、审计师或分析师，而是将他们从繁琐的数据处理、信息筛选和基础分析中解放出来。专业人士可以将更多时间投入到更高级的战略决策、风险判断、客户沟通和业务创新上。AI 成为他们的"认知放大器"，让知识工作的效率和深度达到了新的高度。

5.1.3　灵活用工模式：AI 驱动的远程协同与效率提升

　　近年来，远程办公、混合办公模式在全球范围内兴起，尤其受到年轻一代的青睐。然而，物理距离也带来了沟通效率下降、项目管理困难、团队协作不畅等挑战。AI 正在成为解决这些问题的关键。

　　腾讯云小微等 AI 助手，正被深度集成到各种办公协作平台（如腾讯会议、企业微信）中，提供一系列智能化功能，极大地提升了远程团队的协作效率。

　　智能会议纪要：AI 可以实时将语音对话转录成文字，自动区分发言人，并能根据语义理解，自动提炼会议核心议题、关键决策和待办事项，生成结构化的会议纪要。参会者无需再分心做笔记，会后也能快速回顾和跟进。

　　跨语言沟通：对于国际化团队，AI 提供实时的语音和文字翻译功能，打破语言障碍，实现无缝沟通。

任务智能分配与追踪：AI可以根据会议内容或项目文档，自动识别任务并建议负责人和截止日期，并能接入项目管理工具，自动创建任务并进行后续追踪提醒。

智能知识库：AI能够整合团队共享的文档、聊天记录、会议纪要等信息，构建智能知识库。团队成员可以通过自然语言提问，快速找到所需信息或历史决策，减少信息查找时间。

这些AI功能的普及，使得远程办公不再是效率的妥协，而是可以实现高效协作、灵活自主的新型工作模式。这对于追求工作生活平衡、希望摆脱地域限制的Z世代大学生来说，无疑开辟了更广阔的职业发展空间。你可以选择加入一个全球分布的团队，或者成为一个利用AI工具高效工作的"数字游民"。

5.1.4 中国标杆：工业智能的"眼睛"与"大脑"

在推动AI赋能实体经济，特别是制造业升级方面，中国企业走在了世界前列。商汤科技（SenseTime）作为全球领先的人工智能平台公司，其在工业制造领域的应用，尤其是机器视觉检测，是AI提升生产效率和质量的典型代表。

案例： 商汤科技在上海某汽车工厂的视觉检测系统

想象一下汽车制造的复杂流水线，成千上万的零部件需要精确组装，任何一个微小的瑕疵都可能导致严重的安全隐患。传统的人工质检，不仅效率低下、成本高昂，而且容易因疲劳、主观因素导致漏检、误判。

商汤科技为该工厂部署的AI视觉检测系统，则像是一双永不疲劳、精度极高的"智能眼睛"：

高精度缺陷检测：利用深度学习算法，系统可以在高速产线上实时检测汽车零部件（如发动机缸体、车身焊缝、漆面等）的微小缺陷，如裂纹、气泡、划痕、尺寸偏差等，检测精度远超人眼极限，达到微米级别。

复杂场景识别：即使在光照变化、背景复杂、零部件姿态各异的情况下，AI也能准确识别和定位目标，适应各种复杂的工业环境。

自动化流程集成：检测结果可以实时反馈给生产控制系统，一旦发现缺陷，系统可以自动触发报警、标记、分拣甚至停机指令，实现质量控制的闭环管理。

持续学习优化：系统在运行过程中会不断学习新的缺陷样本，持续优化识别模型，检测能力越来越强。

这套系统的应用，不仅使该工厂的产品合格率提升了约 5%，减少了因质量问题导致的召回损失，更重要的是，它将工人从枯燥、重复，甚至有一定危险性的质检岗位上解放出来，转向设备维护、系统监控、流程优化等更有技术含量的工作。这正是 AI 驱动制造业转型升级，实现"智能制造"的生动写照。

人工智能正在深刻变革工作的内涵与外延。它淘汰落后产能，催生新兴职业；它赋能知识工作者，提升认知效率；它优化协作模式，打破时空限制；它深入实体经济，驱动产业升级。对于即将步入社会的大学生而言，理解并拥抱这场变革，培养与 AI 协同工作的能力，将是赢得未来的关键。你需要思考的不是"AI 会不会取代我"，而是"我该如何利用 AI，成为一个更强大的自己？"

5.2 智慧生活图谱

扫码看微课
对应视频：5.2 智慧生活图谱

如果说 AI 在工作领域是生产力的倍增器，那么在生活领域，它更像是一位无处不在的智能管家、一位精准高效的健康顾问、一位便捷贴心的服务向导，正在细腻地描绘一幅前所未有的智慧生活图谱。从宏观的城市治理到微观的个体体验，AI 技术正以润物细无声的方式，提升着我们生活的品质、效率和幸福感。

5.2.1 城市神经中枢：让城市更"聪明"

现代城市如同一个庞大而复杂的生命体，交通拥堵、环境污染、公共安全等"城市病"日益凸显。人工智能，特别是"城市大脑"的建设，正在为解决这些顽疾提供全新的思路和强大的武器，如图 5-2 为智慧交通。

案例： 杭州城市大脑的治堵实战

杭州，作为中国最早探索"城市大脑"建设的城市之一，其在智能交通治理方面的成就有目共睹。传统的交通管理依赖于固定时长的红绿灯配时和交警现场疏导，难以应对实时变化的复杂路况。杭州城市大脑则构建了一个覆盖全市的"数字交通神经网络"。

全域感知：通过遍布城市的数百万个摄像头、地磁线圈、GPS定位数据（来自公交车、出租车、共享单车、导航App等），城市大脑能够实时、全面地感知整个城市的交通流量、车辆速度、拥堵状况、交通事故等信息。

智能分析与预测：AI算法对海量的交通数据进行深度分析，不仅能精准定位当前的拥堵点和事故点，还能基于历史数据和实时动态，预测未来15～30分钟的交通态势。

全局实时优化：基于分析和预测结果，城市大脑可以动态调整全市上千个路口的红绿灯配时。例如，在一个方向车流量激增时，自动延长该方向的绿灯时间；在检测到前方发生事故时，提前调整相关路口的信号灯，引导车辆绕行。它甚至能为特种车辆（如救护车、消防车）规划最优路径并"一路绿灯"。

实战效果：公开数据显示，杭州城市大脑的应用，使得试点区域的车辆通行速度提升了约15%，行车时间缩短了3分钟以上。救护车到达现场的时间平均缩短了50%。这背后，是AI对城市交通资源的精细化、智能化调配（见图5-2）。

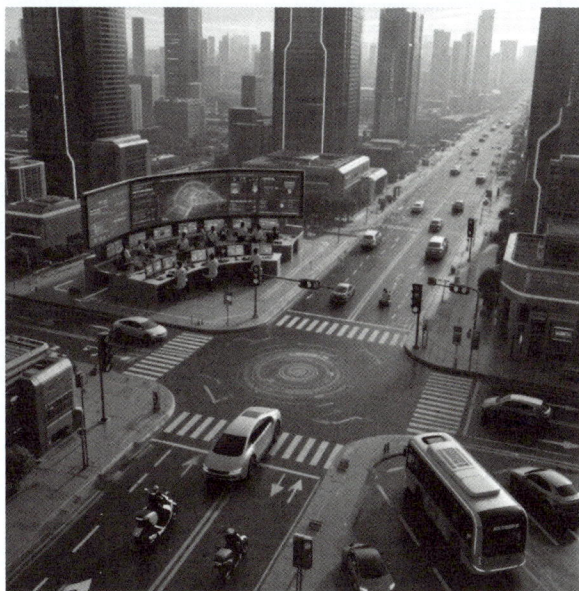

图 5-2 智慧交通

冷暖数据对比

冷数据（2010年）：城市交通管理主要依靠经验和固定规则，拥堵治理手段有限，市民对交通拥堵的抱怨是各大城市普遍存在的社会问题。高峰期通勤时间长，严重影响生活质量。

暖数据（2023年）：以杭州为代表，全国已有数百个城市启动或规划了"城市大脑"项目。AI在交通、安防、环保、医疗、政务服务等多个领域落地应用，城市运行效率和市民生活便利度显著提升。"智慧城市"从概念走向现实，AI成为现代城市治理不可或缺的基础设施。

5.2.2 医疗普惠革命：AI守护生命健康

医疗健康是关系到每个人福祉的根本性问题。AI在医疗领域的应用，被寄予厚望，有望缓解医疗资源分布不均、提升诊断效率和准确率、加速新药研发，最终实现更普惠、更精准的健康服务。

案例： 腾讯觅影的食管癌早期筛查

食管癌是中国高发的一种恶性肿瘤，早期发现、早期治疗的生存率远高于晚期。然而，早期食管癌的病灶往往微小且隐蔽，在内镜检查中容易被经验不足的医生漏诊。腾讯旗下的人工智能医学影像分析平台"腾讯觅影"（图5-3），利用

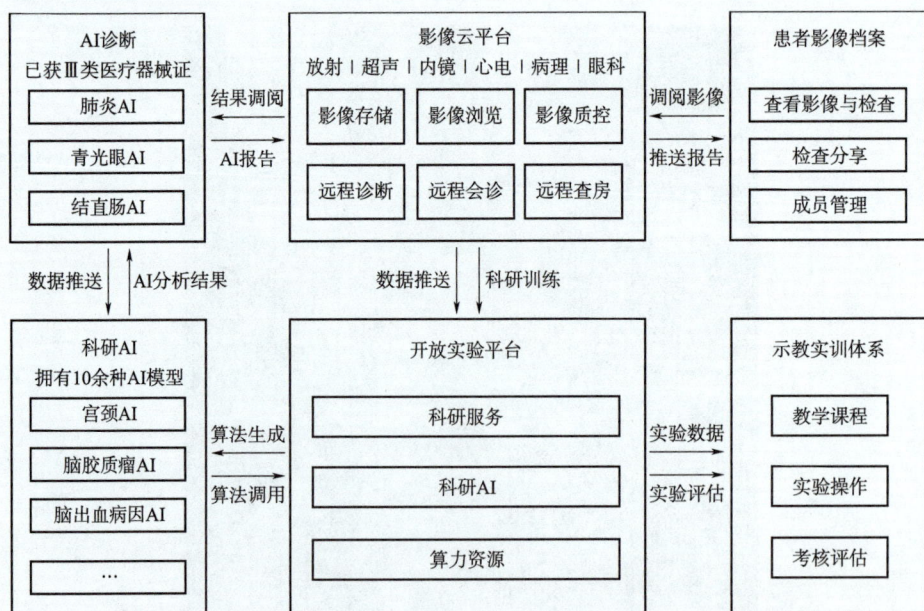

图5-3 腾讯觅影·数智医疗影像平台（图源：腾讯云官网）

深度学习技术，有效解决了这一难题：

精准识别："觅影"系统学习了数百万张标注过的内镜检查影像，能够精准识别出早期食管癌的细微特征。在临床试验中，其对早期食管癌的筛查准确率高达90%以上，远超普通医生的平均水平。

实时辅助：在医生进行内镜检查时，"觅影"可以实时分析摄像头捕捉到的画面，一旦发现可疑病灶，会立刻在屏幕上进行标记并提示医生，避免漏诊。

基层赋能：这项技术对于医疗资源相对匮乏的基层医院尤其具有重要意义。通过云端部署，"觅影"能为基层医生提供强大的"AI专家"支持，提升他们的诊断能力，让更多患者能够在家门口享受到高水平的早期癌症筛查服务，真正实现医疗普惠。

痛点改造建议

痛点：年轻人生活节奏快，工作压力大，常常忽视身体健康，小病拖成大病。去大医院看病挂号难、排队久、问诊时间短，就医体验不佳。

AI改造：未来，结合可穿戴设备（智能手表、手环）实时监测生理数据（心率、血氧、睡眠、运动量等）和AI健康管理App，可以实现个性化的健康风险预警和生活方式建议。AI还能提供智能导诊、在线问诊分诊服务，小问题通过AI辅助医生在线解决，复杂问题精准匹配线下专家，优化就医流程。AI甚至可以根据你的基因数据和生活习惯，为你量身定制营养方案和健身计划。健康管理将变得更主动、更个性化、更便捷。

5.2.3 消费场景革新：无人科技与智能推荐

从线上购物到线下服务，AI正在深刻改变我们的消费习惯和体验。智能推荐算法"猜你喜欢"，无人零售店的"拿了就走"，无人配送车的"使命必达"，这些都已不再是新鲜事。

案例： 美团无人配送车的效率革命

在北京顺义等地区的街头，你可能会看到美团的黄色无人配送车（例如，"魔袋20"）穿梭于小区和写字楼之间，为用户配送外卖或生鲜商品，见图5-4。这背后是复杂的AI技术集成：

自主导航与避障：车辆搭载激光雷达、摄像头等多种传感器，结合高精度地图和 AI 算法，能够实时感知周围环境，自主规划路径，识别行人、车辆、障碍物并安全避让，适应复杂的城市道路环境。

多任务调度：后台的智能调度系统可以同时管理大量无人车，根据订单位置、路况、车辆电量等因素，动态分配任务，优化配送路线，实现效率最大化。

全天候运营：无人车可以 7×24 小时不间断工作，不受天气、时间等因素影响，尤其在夜间、恶劣天气等运力不足的时段，能够提供稳定的配送服务。

图 5-4　无人配送车

虽然目前无人配送仍处于规模化应用的初期阶段，面临法规、成本、技术成熟度等挑战，但它清晰地展示了 AI 在解决城市"最后一公里"配送难题上的巨大潜力，预示着未来即时零售和本地生活服务将更加高效、便捷。

5.2.4　文化传播突破：让千年文物"活"起来

AI 不仅能服务于现代生活，还能穿越时空，连接历史与未来，为文化遗产的保护、研究和传播注入新的活力。

案例： 敦煌研究院的 AI 壁画修复与色彩还原

敦煌莫高窟是世界级的文化瑰宝，但历经千年风霜，许多精美的壁画出现了褪色、剥落、残缺等问题。传统的修复工作耗时耗力，且对修复师的技艺要求极高。敦煌研究院与腾讯等科技公司合作，运用 AI 技术探索全新的文保路径（图5-5）：

虚拟修复：AI 可以通过学习大量完整的壁画图像和残片信息，基于图像风格、纹理、内容关联性等，智能推测和"补全"壁画的缺失部分，生成虚拟修复后的高清图像。这不仅为实体修复提供了重要参考，也让观众得以窥见壁画的原始风貌。

色彩智能还原：随着时间流逝，壁画颜料会发生氧化、变色。AI 可以通过分析颜料成分、光照条件、历史文献记载等信息，结合色彩学原理，推测壁画在绘制初期的原始色彩，并进行数字化还原，让黯淡的壁画重新焕发绚丽的光彩。

交互式体验：基于 AI 修复和还原的成果，可以开发出沉浸式的 VR/AR 体验项目。观众可以通过虚拟现实设备"走进"复原后的洞窟，近距离欣赏壁画细节，甚至与壁画中的人物、故事进行互动，极大地提升了文化传播的趣味性和吸引力。

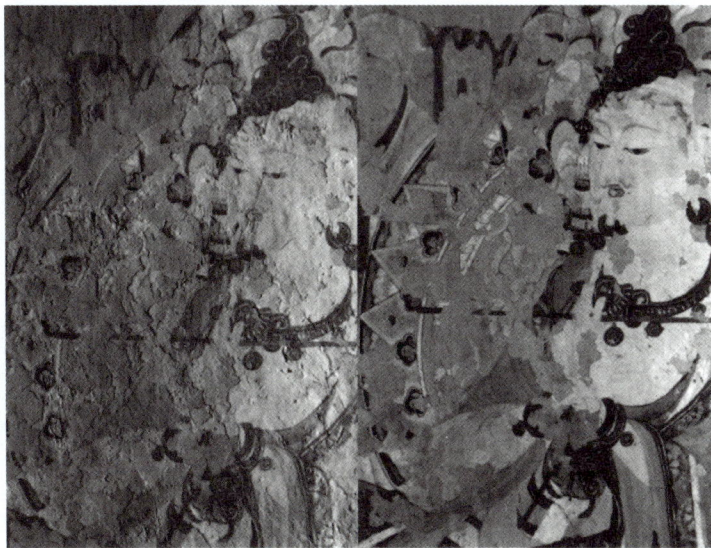

图 5-5　第 85 窟壁画局部修复前后（图源：敦煌研究院）

AI 技术让沉睡的文化遗产"开口说话"，让高深的学术研究走向大众，为中华优秀传统文化的传承与创新开辟了全新的可能性。

人工智能正从宏观到微观，全方位地渗透和优化我们的生活。它让城市运行更高效、医疗服务更普惠、消费体验更便捷、文化传承更生动。享受着这些便利的大学生，更应思考 AI 技术背后蕴含的巨大价值和社会意义。未来，掌握 AI 应用能力，不仅能让你更好地享受智慧生活，更能让你成为创造更美好生活的参与者和贡献者。

5.3　教育进化论

扫码看微课
对应视频：5.3 教育进化论

　　教育是塑造未来的基石。人工智能对教育领域的影响，或许是所有变革中最具深远意义的一环。它不仅有望解决传统教育模式中存在的诸多痛点，如"千人一面"的教学、资源分配不均、学习效率低下等，更将开启一个以学习者为中心、个性化、智能化、终身化的教育新纪元。对于正处在知识学习黄金时期的大学生而言，理解 AI 如何重塑学习方式、赋能教学生态，至关重要。

5.3.1　个性化学习地图：因材施教的智能实现

　　传统课堂教学，老师往往需要面向全班同学，采用相对统一的进度和难度，难以兼顾每个学生的学习基础、认知特点和兴趣方向。"因材施教"虽是教育理想，但在大规模教学场景下难以真正落地。AI 的出现，为实现大规模个性化学习提供了可能。

案例： 猿辅导的智能学情分析系统

　　以猿辅导、学而思等在线教育平台为例，它们广泛应用 AI 技术来构建学生的个性化学习路径。

　　精准学情诊断： 学生在线完成练习题、测试或与 AI 助教互动时，系统会实时记录他们的答题速度、正确率、错误类型、知识点掌握情况等海量数据。AI 算法对这些数据进行深度分析，能够精准诊断出每个学生在知识体系中的薄弱环节和潜在优势。

　　动态知识图谱： 系统内部构建了庞大的、相互关联的学科知识图谱。基于学情诊断结果，AI 可以为每个学生生成一张动态的"个性化学习地图"，清晰地标识出已掌握、待巩固、需学习的知识节点。

　　智能推送与规划： 根据学习地图，AI 系统会智能推荐最适合该学生的学习资源（如讲解视频、练习题、阅读材料），并规划出最优的学习路径。例如，对于某个知识点掌握不牢的学生，系统会推送更基础的讲解和针对性练习；对于学有余力的学生，则会推荐拓展性内容或更高难度的挑战。整个学习过程就像是拥有了一位全天候待命、洞悉你学习状态的专属"AI学伴"。

效果反馈与调整：AI持续追踪学生的学习进展和效果，并根据新的数据反馈，动态调整学习地图和推荐内容，形成一个良性的学习闭环。

冷暖数据对比

冷数据（21世纪00年代）：大学教育普遍采用大班授课，辅以课后习题和期末考试。学生的学习过程相对被动，个性化辅导资源稀缺且昂贵。学习效果差异大，部分学生容易"掉队"或"吃不饱"。

暖数据（2023年）：AI驱动的自适应学习平台（如Khan Academy、Coursera的部分课程、国内K12在线教育平台等）用户规模持续增长。研究表明，使用个性化学习系统的学生，在学习效率和成绩上普遍优于传统学习方式。未来，AI有望深度融入高等教育，为大学生提供更精准的专业学习、跨学科探索和能力提升支持。

5.3.2　教学场景变革：虚实融合的沉浸体验

AI不仅能优化学习内容和路径，还能革新教学场景和互动方式，让学习过程更生动、更直观、更具实践性。

案例：华为云 ModelArts 平台赋能实验课程

许多理工科专业的学习离不开实验操作，但传统实验室往往面临设备昂贵、数量有限、维护成本高、存在安全风险等问题。华为云等提供的AI开发平台（如ModelArts）和虚拟仿真技术，正在改变这一现状。

云端虚拟实验室：学生无需购买昂贵的硬件设备（如高性能GPU服务器），只需通过浏览器登录云平台，即可使用强大的算力资源，进行复杂的人工智能模型训练、大数据分析、物理过程模拟等实验。这极大地降低了AI和前沿科技教育的门槛，让更多学生有机会接触和实践尖端技术。

AI+VR/AR沉浸式教学：结合虚拟现实（VR）和增强现实（AR）技术，可以构建高度仿真的虚拟实验环境。例如，化学专业的学生可以在VR中安全地进行危险化学品的混合实验；医学生可以在VR中进行解剖学观察和模拟手术操作；机械工程专业的学生可以在AR中将虚拟的发动机模型叠加到真实场景中进行拆解和研究。其中 AI 负责模拟物理规律、提供智能引导、评估操作效果等。这种沉浸式、交互式的学习体验，远比书本和二维图像更生动、更深刻。

智能助教与答疑：在虚拟实验或在线学习过程中，AI 助教可以随时回答学生的问题，提供操作提示，甚至根据学生的表现给出针对性的反馈和建议，实现"一对一"的辅导效果。

痛点改造建议

痛点：大学理论课程偏多，与实践脱节；实验课程资源紧张，排队等候时间长，实际动手机会少；对抽象概念理解困难，学习兴趣容易衰减。

AI 改造：大学生应主动利用学校或公共平台提供的 AI 学习工具和虚拟仿真资源。例如，利用 AI 平台复现课堂上学到的算法模型；在 VR 实验室中进行专业技能的模拟训练；使用 AI 驱动的语言学习 App 进行口语练习和实时反馈；借助 AI 知识图谱工具构建跨学科的知识网络。将 AI 视为提升学习效率、深化理解、增强实践能力的强大工具，化被动学习为主动探索。

5.3.3 编程民主化：AI 赋能"人人皆可创造"

编程能力在数字时代日益重要，但对于非计算机专业的学生来说，学习编程语言和软件开发往往门槛较高。AI 代码生成技术的兴起，正在推动"编程民主化"，让更多人能够将创意转化为现实。

案例： 阿里云人工智能自动编写代码的实测效果

阿里云的通义灵码、GitHub Copilot 等 AI 编程助手，可以直接集成到代码编辑器中，根据开发者用自然语言描述的需求或已有的代码上下文，自动生成代码片段，甚至完整的函数、类。

降低门槛：对于初学者或非专业开发者，AI 可以帮助他们快速完成基础的代码框架搭建、常用功能的实现，甚至能解释代码含义、查找并修复代码错误。这使得学习编程的曲线变得更加平缓，让更多学生（如设计、文科、商科等专业）有能力将自己的想法通过简单的程序实现出来，例如制作一个数据可视化图表、搭建一个个人网站、开发一个小程序等。

提升效率：对于有经验的开发者，AI 编程助手能大幅减少编写重复性"样板代码"的时间，让他们更专注于核心逻辑和创新功能的开发，显著提升开发效率。

促进跨学科融合：当编程不再是少数"码农"的专利时，不同学科背景的学生可以更容易地利用编程工具解决本领域的问题。例如，生物专业的学生可以用AI辅助编写脚本分析基因序列数据；社会学专业的学生可以用AI工具快速构建模型分析社会调查问卷。这将极大地促进学科交叉和创新。

当然，AI目前还无法完全取代人类程序员的创造性、系统设计能力和复杂问题解决能力，但它无疑正在成为一个强大的编程伙伴，赋能"人人皆可创造"的时代加速到来。

人工智能正以前所未有的方式重塑教育和学习的方方面面。它让"因材施教"从理想变为现实，让学习体验更沉浸、更高效，让编程和创造的门槛大大降低，让学术研究的边界不断拓展。对于身处校园的大学生，这既是挑战，更是机遇。主动拥抱AI工具，培养利用AI进行自主学习、深度思考、跨界创新和终身成长的能力，将是在这个智能时代保持竞争力的关键所在。教育的终极目标不是培养"被AI取代"的人，而是培养能够驾驭AI、与AI协同进化，共同创造未来的"智人"。

5.4 双面镜反思

在描绘人工智能无限潜能的宏伟蓝图时，我们也必须保持清醒的头脑，正视其可能带来的挑战与风险。技术本身是中性的，但其应用可能产生复杂的社会、伦理和个人层面的影响。如同任何强大的工具，AI也是一面双面镜，既能映照出人类智慧的光辉，也可能放大我们社会既有的问题，甚至带来全新的困境。对这些潜在的"阴影"进行审慎思考，是确保AI技术健康、可持续发展的必要前提。

5.4.1 就业结构调整：转型的阵痛与技能鸿沟

AI驱动的自动化浪潮，无疑会对现有的就业结构产生冲击。虽然如前所述，AI会创造新的就业岗位，但岗位的流失与新增在时间、空间和技能要求上并非完全匹配，这中间必然经历一个结构性调整的"阵痛期"。

| 案例： | 制造业人员的转型困境 |

在中国制造业向"智能制造"升级的过程中，大量流水线上的重复性操作岗位被自动化设备和工业机器人取代。虽然这提升了整体生产效率和竞争力，但也让许多依赖这些岗位的传统工人面临失业风险。新的岗位，如 AI 设备运维工程师、数据分析师、机器人编程员等，虽然需求旺盛，但对技能的要求与传统岗位差异巨大。许多原有工人可能缺乏必要的数字技能、学习能力或转岗意愿，难以适应新的工作要求。

如何大规模、有效地对现有劳动力进行再培训和技能提升？如何为转型困难的群体提供社会保障和支持？如何避免在技术进步中加剧社会阶层分化和"技能鸿沟"？这些都是亟待解决的社会问题。

麦肯锡全球研究院曾预测，到 2030 年，全球可能有多达 3.75 亿工人（约占全球劳动力的 14%）需要转换职业类别，并学习新的技能。这凸显了应对 AI 带来的就业结构调整的紧迫性和艰巨性。

对于即将进入就业市场的大学生而言，这意味着需要具备更强的学习适应能力和跨界整合能力，持续更新自己的知识和技能体系，以应对未来职业的高度不确定性。

5.4.2 数据伦理挑战：隐私、偏见与监控的边界

AI 的强大能力建立在海量数据的基础上。数据的收集、使用和管理，不可避免地引发了一系列深刻的伦理问题，其中隐私保护、算法偏见和潜在的监控风险尤为突出。

| 案例： | 学生信息被非法获取事件 |

2023 年 7 月，有网友爆料称，某大学一名硕士毕业生在校期间，利用其在校内兼职期间获取的高权限账号，非法获取了全校本硕博学生的个人信息，包括照片、姓名、学号、籍贯、生日等，并搭建了一个"颜值打分"网站，将这些信息公开展示。事件曝光后，引发了广泛关注。学校第一时间报警，警方迅速展开调查，并于 7 月 3 日通报称，涉事毕业生马某某因涉嫌非法获取公民个人信息罪被刑事拘留。

AI 技术通常需要大量的数据来进行训练和学习，这些数据可能包含敏感信息，如个人身份、财务数据、健康记录等。数据的收集、存储和处理过程中可能存在泄露和滥用的风险。如果数据安全和隐私保护不到位，可能导致数据泄露（见图 5-6）和滥用，进而使人工智能系统产生歧视和偏见。保护数据安全和个人隐私可以避免因数据偏差而引发的伦理争议，确保人工智能系统公平、公正地对待每一个用户。通过加强保护措施，能够减少因数据安全和隐私问题引发的社会矛盾，维护社会的和谐与稳定，为人工智能的发展营造良好的社会环境。因此，加强数据安全和个人隐私保护是 AI 技术发展的重要挑战。

图 5-6　信息泄露

强大的监控技术如果被滥用，可能成为对公民进行过度监控甚至社会控制的工具，威胁个人自由和社会活力。如何在利用技术便利与保障公民权利之间取得平衡，是各国政府和全社会面临的重大课题。

近年来，中国及全球各国都在加紧制定和完善相关法律法规（如欧盟的 GDPR、中国的《个人信息保护法》《数据安全法》以及关于算法推荐、深度合成的管理规定），旨在规范 AI 技术应用，保护公民权益，划定伦理底线。大学生作为未来社会的中坚力量，需要具备批判性思维，关注 AI 伦理问题，参与相关讨论，推动负责任的 AI 发展。

5.4.3　算法依赖隐忧：决策黑箱与认知窄化

随着 AI 算法深度融入我们的日常生活（如新闻推荐、购物推荐、社交媒体信息流等），我们越来越依赖它们来获取信息、做出决策。这种依赖在带来便利的同时，也潜藏着一些隐忧。

案例： 电商平台推荐算法导致的消费决策误判

电商平台以其强大的个性化推荐算法著称，能够精准地向用户推送他们可能感兴趣的商品。这极大地促进了交易，但也可能导致一些问题：

"信息茧房"与认知窄化：算法倾向于推荐用户过去喜欢或点击过的内容，久而久之，用户看到的信息越来越同质化，视野可能变得狭窄，难以接触到不同观点或新的领域，形成"信息茧房"。

冲动消费与决策误判：精准的推荐、诱人的折扣、拼单的社交压力，可能诱导用户做出非理性的冲动消费决策。用户可能因为算法的"强力推荐"而购买了并非真正需要的商品，或者忽略了对商品质量、价格、评价的全面、客观评估。

"算法黑箱"问题：许多推荐算法的内部决策逻辑极其复杂，难以向用户清晰地解释"为什么推荐这个"，形成所谓的"算法黑箱"。这使得用户难以判断推荐结果是否客观、公正，也难以对其进行有效的监督和质疑。

过度依赖算法，可能让我们逐渐丧失独立思考、批判性判断和自主决策的能力。大学生需要警惕算法可能带来的认知偏见和行为操纵，主动拓展信息获取渠道，保持多元视角，培养媒介素养和信息辨别能力，做算法的主人，而非奴隶。

人工智能的发展并非一路坦途，它在创造巨大价值的同时，也伴随着就业冲击、伦理困境和认知风险等挑战。正视这些双面镜中的阴影，进行深入的反思和有效的治理，是确保 AI 技术最终服务于人类福祉，而非带来灾难的关键。这需要政府、企业、学界、公众，包括每一位大学生的共同努力。我们需要在拥抱技术进步的同时，坚守人文关怀和伦理底线，以智慧和责任驾驭这股强大的变革力量。

5.5 未来展望

当我们站在 2024 年的时间节点，眺望人工智能的未来，一幅更加波澜壮阔、充满无限可能的画卷正在徐徐展开。未来的 AI，将不再是单一的技术孤岛，而是与更多前沿科技深度融合，渗透到社会经济的每一个细胞，催生颠覆性的创新，并有望为解决人类面临的共同挑战贡献关键力量。对于即将塑造未来的大学生而言，洞察这些趋势，把握其中的机遇，意义非凡。

5.5.1 技术融合预言：脑机接口 + 语言模型 = 意识的延伸？

当前 AI 领域最引人瞩目的突破之一，是大语言模型（LLM）的飞速发展。与此同时，脑机接口（BCI）技术也在稳步推进。当这两个领域的前沿技术发生碰撞与融合时，将可能开启怎样激动人心（甚至略带科幻色彩）的未来？

意识的数字化交互：想象一下，未来的脑机接口不仅能解码大脑的运动意图（如控制机械臂），更能捕捉到更复杂的思维活动，甚至是内在的"语言"。结合强大的语言模型进行实时理解和生成，我们或许能实现真正意义上的"意念交流"或"思维输入"。这将彻底改变人机交互的方式，对残疾人辅助、教育、创作、娱乐等领域产生革命性影响。

认知增强与记忆拓展：BCI 或许能将外部的 AI 知识库、计算能力与人脑直接连接，实现"外挂式"的认知增强。遇到难题时，大脑可以直接"调用"AI 进行分析；学习新知识时，AI 可以将关键信息"写入"辅助记忆系统。这听起来像是科幻电影的情节，但国内外的顶尖研究机构（如中国科学院脑科学与智能技术卓越创新中心、Neuralink等）正在这个方向上进行积极探索。虽然距离大规模应用还有很长的路要走，但这代表了 AI 与生命科学融合的终极潜力之一——拓展人类心智的边界。

当然，这样的技术融合也伴随着巨大的伦理挑战，涉及意识的定义、个人身份的认同、数据安全与精神控制风险等，需要在技术发展的同时进行深入的社会讨论和严格的伦理规范。

5.5.2 文化基因优势：中医 AI+ 生命科学 = 东方智慧的现代新生

中国在发展 AI 方面，不仅拥有庞大的数据、市场和政策支持，还拥有独特的文化基因优势，例如数千年积淀的中医药学。将传统中医的整体观、辨证论治思想与现代 AI 的数据分析、模式识别能力，以及生命科学的前沿技术（如基因组学、蛋白质组学）相结合，有望开辟出一条独具特色的健康科技创新之路。

中医智能诊断与辅助决策：AI 可以学习海量的中医古籍文献、名老中医的临床案例，结合现代医学检测数据（舌象、脉象的数字化采集分析，结合基因、代谢等指标），构建智能化的中医辨证论治模型，辅助医生进行更精准、个性化的诊断和处方。

中药现代化与新药发现：AI 可以分析中药复方的复杂成分及其相互作用，预测其药理活性和潜在靶点，加速中药有效成分的筛选和新药研发过程。结合现代药理学实验验证，有望揭示中医药的科学内涵，推动其走向世界。

个性化"治未病"：中医强调"治未病"的预防保健思想。结合 AI 对个人健康数据的持续监测与分析，以及中医体质辨识理论，可以为个人提供高度定制化的饮食、运动、作息、情志调养等建议，实现更主动、更精准的健康管理。

这种融合创新，不仅能让古老的中医智慧在现代社会焕发新生，服务于国民健康，也可能为全球复杂性疾病的治疗和预防贡献独特的"中国方案"。对于有志于医学、药学、生命科学和 AI 交叉领域的大学生来说，这是一个充满机遇的蓝海。

5.5.3 人才战略机遇：百万缺口呼唤未来"智造者"

AI 的飞速发展，离不开人才的支撑。中国政府高度重视 AI 人才培养，出台了《新一代人工智能发展规划》等一系列政策文件，明确提出到 2030 年成为世界主要人工智能创新中心的目标。然而，当前 AI 领域的人才供需矛盾依然突出。

巨大的人才缺口：据多个行业报告估计，中国 AI 领域的人才缺口高达数百万，特别是在高端算法研究、跨领域复合型应用、AI 伦理与治理等方面，高层次人才尤为稀缺。

高校的积极响应：近年来，中国高校纷纷开设人工智能本科专业、建设人工智能学院 / 研究院，并在计算机、自动化、数学、统计学等相关专业的课程体系中融入 AI 内容。交叉学科的 AI+X（如 AI+ 金融、AI+ 医疗、AI+ 法律等）人才培养模式也在积极探索中。

大学生的历史机遇：这意味着，对于当代大学生，无论你主修什么专业，主动学习和掌握一定的 AI 知识与技能，都将极大地提升你未来的职业竞争力和发展空间。你不仅可以成为 AI 技术的研发者，也可以成为将 AI 应用于各行各业的推动者、创新者和管理者。国家战略的重点布局，为你提供了前所未有的学习资源、实践平台和职业发展机遇。

5.5.4 可持续发展：AI 赋能绿色智慧地球

面对气候变化、环境污染、资源枯竭等全球性挑战，AI 技术也被寄予厚望，有望在推动可持续发展方面发挥关键作用。

精准环保监测与治理：如阿里巴巴的"ET 环境大脑"，可以利用卫星遥感数据、地面传感器网络数据和 AI 算法，实时监测空气质量、水体污染、土壤状况、森林覆盖等，精准溯源污染源，预测环境变化趋势，为环境治理决策提供科学依据。例如，其空气污染预测模块可以提前数小时甚至数天预测区域性的空气质量变化，为政府采取应急措施、市民安排出行提供参考。

能源效率优化：AI 可以应用于智能电网，优化电力调度，减少能源损耗；可以优化工业生产流程，降低能耗和排放；可以应用于智能楼宇，根据人流量、光照、温度等自动调节空调、照明系统，实现节能。

智慧农业与粮食安全：AI 可以通过分析气象数据、土壤数据、作物生长图像等，实现精准灌溉、施肥、病虫害防治，提高农作物产量和品质，减少农药化肥使用，保障粮食安全，促进农业可持续发展。

循环经济与资源管理：AI可以优化垃圾分类回收流程，提高资源回收利用率；可以预测产品生命周期，优化供应链管理，减少浪费；可以辅助设计更环保、更易回收的产品。

利用AI技术应对环境挑战，建设一个更绿色、更智慧、更可持续的地球家园，不仅是技术发展的应有之义，也是我们这一代人肩负的共同使命。大学生可以通过参与相关科研项目、环保社团活动、开发环保类AI应用等方式，为此贡献自己的力量。

5.6 拓展阅读

驾驭智能，定义未来

当我们穿越了AI对工作、生活、学习的深刻变革，审视了其潜在的风险挑战，并展望了其融合创新的未来图景后，一个核心问题浮出水面：在这场势不可挡的智能革命中，我们，作为即将步入社会舞台中心的21世纪大学生，应如何自处？又该如何作为？

首先，请放下对"被AI取代"的过度焦虑。历史反复证明，每一次技术革命最终都创造了比摧毁更多的机会。AI不是要取代人类，而是要增强人类。它将我们从重复性、模式化的任务中解放出来，让我们得以专注于那些真正体现人类独特价值的领域：创造力、批判性思维、复杂问题解决、情感沟通、伦理判断以及跨领域的整合创新能力。这，正是未来社会对人才的核心要求，也是你在大学期间需要着力培养的"AI不可替代性"元能力。

其次，拥抱AI，将其视为你学习、工作和生活中无处不在的强大工具和伙伴。这并不意味着每个人都要成为AI算法工程师，而是要培养"AI素养"——理解AI的基本原理，了解其能力边界，掌握使用相关AI工具解决实际问题的能力，并能以批判性的眼光审视AI带来的信息和影响。

人工智能的浪潮已然到来，它既带来了前所未有的机遇，也伴随着需要警惕的挑战。作为站在时代前沿的大学生，你们不仅是这场变革的见证者，更是参与者和塑造者。

去学习它，掌握驾驭智能的核心能力。

去应用它，让AI成为你探索世界、实现价值的利器。

去反思它，以人文精神和伦理准则为其发展注入温度与方向。

去创造它，用你们的智慧和热情，定义一个AI与人类协同进化、共创繁荣的美好未来。

人工智能的潜能是无限的，而定义这潜能如何绽放的，终将是你们——新一代的思考者、探索者和行动者。

　　未来已来，请你，执笔开创！

5.7　小结

　　展望未来，人工智能的发展将呈现出跨界融合、加速创新、深度赋能社会可持续发展的鲜明特征。从拓展人类认知边界的脑机融合，到焕发传统文化生机的中医 AI，再到应对全球性挑战的智慧环保，AI 的潜能远未穷尽。对于大学生而言，这既是一个需要不断学习、适应变化的时代，更是一个充满无限可能、大有可为的时代。把握 AI 带来的历史机遇，将个人发展融入国家战略和人类共同命运的宏伟蓝图中，你们，就是未来的"智造者"和变革者。

5.8　习题与讨论

1. 选择题

　　（1）根据文章开头的例子，人工智能在餐饮外卖调度系统中主要体现在哪个方面？（　　）

　　　　A. 预测用户口味偏好

　　　　B. 优化调度路径和时间预测

　　　　C. 自动生成外卖评论

　　　　D. 与用户进行语音交流

　　（2）人工智能对工作领域的影响是一场深刻的变革，它不仅仅是简单的"机器换人"，更是（　　）。

　　　　A. 人类智能的完全替代

　　　　B. 职业生态的结构性重塑与共进化

　　　　C. 倒退回劳动密集型产业

　　　　D. 仅限于技术行业的变革

　　（3）AI 时代涌现的"人工智能训练师"等新兴岗位与传统客服岗位相比，对人才的需求更偏向于（　　）。

　　　　A. 更强的体力劳动能力

　　　　B. 更单一的沟通技能

　　　　C. 数据分析、逻辑思维、行业知识等复合能力

　　　　D. 死记硬背产品信息的能力

（4）杭州"城市大脑"在交通治理方面的应用，最显著的效果体现在哪些方面？
（　　　）

A. 增加了城市道路的总里程

B. 提高了车辆通行速度和缩短了行车时间

C. 减少了交通事故的总数量

D. 实现了所有车辆的完全自动驾驶

（5）AI 代码生成技术（如阿里云通义灵码）的兴起，正在推动"编程民主化"，
这主要意味着（　　　）。

A. 只有计算机专业学生才能使用 AI 编程工具

B. 编程的门槛大大降低，让更多非专业人士也能进行简单的编程创造

C. AI 已经能够完全取代人类程序员

D. 编程语言的数量将大幅减少

2. 填空题

（1）AI 在教育领域为每个学生生成一张动态的"个性化学习地图"，并智能推荐
最适合的学习资源，旨在实现大规模的 _____ 学习。

（2）在金融财会风控领域，AI 能够快速阅读并理解合同条款，自动识别关键风险
点，将审阅效率提升数十倍，并减少 _____ 疏漏。

（3）腾讯云小微 AI 助手在远程办公中提供智能会议纪要、跨语言沟通等功能，极
大地提升了远程团队的 _____ 效率。

（4）杭州城市大脑通过遍布城市的传感器和数据源，能够实时、全面地感知整个
城市的 _____ 流量、拥堵状况等信息。

（5）美团无人配送车搭载多种传感器和 AI 算法，能够实时感知周围环境，自主规
划路径并安全 _____。

3. 讨论

（1）请谈谈你认为在你未来的职业生涯中，人工智能最可能在哪些方面与你的专
业 / 兴趣领域结合？为了应对这种变化，你现在需要培养哪些"AI 素养"或
跨领域能力？

（2）AI 在智慧城市、医疗、消费和文化等领域有着广泛的应用图景。请选择其中
一个你最感兴趣的领域，详细阐述 AI 如何改变了该领域的现有模式，并提出
一个你构思的、基于 AI 的创新性应用场景，说明它将如何解决该领域的一个
具体痛点或提升用户体验。

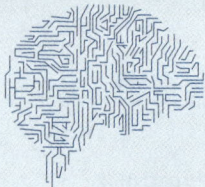

6

走进 AI 职场

教学目标

知识目标：

◎ 理解 AI 核心概念。

◎ 识别主流 AI 技术工具及其应用。

◎ 了解 AI 相关的职业机会。

◎ 掌握 AI 时代个人竞争力模型。

◎ 熟悉 AI 学习的基本路径与方法。

◎ 认知 AI 时代的生存法则。

能力目标：

◎ 初步应用常见的 AI 工具。

◎ 分析本专业与 AI 结合的应用场景。

◎ 获取与筛选"AI+ 专业"信息。

◎ 培养跨界融合与创新思维。

◎ 建立人机协同工作的基本意识。

◎ 初步评估 AI 信息的有效性。

素质目标：

◎ 树立积极拥抱 AI 的心态。

◎ 增强专业自信与职业发展信心。

◎ 培养 AI 赋能专业的创新意识。

◎ 强化终身学习与持续迭代的观念。

◎ 提升跨学科协作与沟通素养。

学习导言

　　你可能常常听到关于人工智能（AI）的讨论，看到铺天盖地的 AI 新闻，感受到这股浪潮正以前所未有的力量席卷全球。但与此同时，你心中或许也充满了疑问："AI 离我有多远？它和我所学的专业有什么关系？我能在 AI 时代找到自己的位置吗？"

　　答案是肯定的，而且 AI 为你我打开的机遇之门，远比你想象的要宽广得多。这个时代，最激动人心的变化之一，就是 AI 正在打破学科壁垒，渗透到各行各业，为所有专业背景的人才创造前所未有的可能性。我们需要做的，首先是进行一次"认知破壁"——打破"AI 仅属于计算机科学家和工程师"的传统观念。

6.1 重新认知 AI 技术本质

扫码看微课
对应视频：6.1 重新认知 AI
技术本质

案例：	哲学系毕业生的 AI 产品之路

　　小李，某高校哲学系毕业生。在校期间，她对逻辑学和伦理学有深入研究。毕业时，她敏锐地意识到 AI 伦理将是未来重要的议题。她主动学习了 AI 基础知识，并关注 AI 产品设计中的用户体验和伦理考量。最终，她成功入职一家 AI 创业公司，担任 AI 产品经理，负责一款教育类 AI 产品的伦理风险评估和用户体验优化。她的哲学思辨能力，帮助团队在产品设计初期就规避了许多潜在的偏见和歧视问题。

案例：	AI 赋能"南京白局"数字传承

　　"南京白局"是一种古老的曲艺形式，面临传承困境。某文化科技团队与南京大学合作，利用 AI 语音合成与识别技术，收集、分析老艺人的唱腔数据，建立了"南京白局"AI 语音模型。这个模型不仅能"演唱"白局，还能辅助新学员学习发音和腔调，甚至可以根据输入的文本自动生成白局唱段的初步 DEMO。此举大大降低了白局学习门槛，并为这一非遗项目的数字化保存和创新传播提供了全新路径。

　　这些鲜活的案例告诉我们，AI 时代不是一场零和博弈，而是呼唤多元背景人才共同参与的协奏曲。你的专业知识、人文素养、批判性思维、沟通能力，在 AI 时代不仅不会贬值，反而可能成为你独特的竞争优势。关键在于，如何认知 AI，如何将你的专业与 AI 巧妙结合，找到那个属于你的"甜蜜点"。

下面我们将一起探索 AI 技术的本质（图 6-1），梳理 AI 浪潮下的职业机会，构建你的转型能力矩阵，规划你的就业战略，甚至展望你的创业蓝图。让我们一同启程，打破认知壁垒，走进 AI 职场，拥抱属于你的未来之路！

提到 AI，你可能会想到复杂的代码、深奥的算法、强大的算力。这些的确是 AI 的基石，但对于大部分同学而言，我们不必一开始就陷入技术细节的汪洋大海。更重要的是，从宏观层面理解 AI 是如何工作的，它的核心逻辑是什么。这样，你才能更好地判断 AI 在你的专业领域能做什么，以及你能为 AI 贡献什么。

图 6-1　AI 背后的技术

6.1.1　AI 的技术三模块

我们可以把复杂的人工智能系统，简化为三个核心模块来理解。这三个模块的协同工作，就像一个人学习、思考并应用知识的过程。

1. 数据感知（像人类收集经验）

想象一下婴儿如何学习认识世界：他通过看、听、摸、尝等方式不断收集信息。这些信息就是"数据"。AI 系统也一样，它的"感知"能力来自海量的数据。这些数据可以是文字、图片、声音、视频，也可以是传感器收集的温度、湿度、位置信息，或者是金融交易记录、医疗病历等。

◎ **文字数据**：大量的书籍、新闻、网页、社交媒体帖子，用于训练 AI 理解和生成语言（比如 DeepSeek）。

◎ **图像 / 视频数据**：数百万张标注过的图片（比如"这是一只猫"，"这是一辆车"），用于训练 AI 识别物体、场景（比如人脸识别、自动驾驶）。

◎ **声音数据**：各种语音片段、音乐、自然界的声音，用于训练 AI 识别语音、生成音乐（比如智能音箱、AI 作曲）。

◎ **结构化数据**：表格形式的数据，如销售报表、用户行为日志、股票价格，用于训练 AI 进行预测和分析（比如市场趋势预测、信用评分）。

对于大部分同学来说，你所学的专业本身就蕴含着大量有价值的数据。历史学的文献档案、考古学的文物数据、医学的临床病例、经济学的统计报告、法学的案例判决书、艺术学的作品集……这些都是 AI 可以"学习"的宝贵素材。你的专业训练使你更懂得这些数据的内涵、价值以及如何有效地组织和解读它们。

> **关键认知**：AI 的智能源于数据。没有高质量、大规模、多样性的数据，再强大的算法也难以发挥作用。因此，拥有特定领域数据处理和理解能力的人才，在 AI 时代至关重要。

2. 模型搭建（类似专家经验沉淀）

收集了大量经验（数据）后，人类会通过学习和思考，总结出规律和模式，形成自己的知识体系和解决问题的方法。这就是"经验沉淀"的过程。在 AI 领域，"模型搭建"扮演着类似的角色。

AI 模型，本质上是一套复杂的数学函数或算法结构。通过"训练"过程（即用大量数据"喂"给模型），模型能够从数据中自动学习和发现隐藏的模式、规律和特征。例如：

◎ **分类模型**：学习如何将邮件区分为"垃圾邮件"和"非垃圾邮件"。

◎ **回归模型**：学习如何根据房屋的面积、位置、年代等特征预测其价格。

◎ **生成模型**：学习如何根据已有的画作风格创作新的艺术作品，或根据输入的文字描述生成图片。

◎ **强化学习模型**：学习如何在特定环境中（如棋盘游戏、机器人控制）通过不断试错来优化决策，以获得最大奖励。

你可以把 AI 模型想象成一个高度专业化的"虚拟专家"。比如，一个在海量医学影像数据上训练出来的 AI 模型，可能在识别早期癌症病灶方面，表现得像一位经验丰富的放射科医生。一个在无数法律文书上训练过的模型，则可以辅助律师快速查找相关案例和条款。

大部分同学虽然不直接编写这些模型的底层算法，但你的专业知识对于模型的选择、训练数据的准备、模型效果的评估和优化至关重要。例如，一位历史学家可能无法编写一个复杂的自然语言处理模型，但他能判断模型对古代文献的解读是否准确，是否符合历史背景；一位金融分析师能评估一个量化交易模型的风险和收益是否合理。

> **关键认知**：AI 模型是经验的凝练和智慧的载体。理解特定领域的需求和逻辑，能帮助更好地定义模型的目标，提供有价值的反馈，确保模型真正解决实际问题。

3. 场景落地（传统经验的 AI 改造）

拥有了知识和经验（模型）之后，人类会在具体的场景中应用这些知识来解决问题。AI 也是如此，模型搭建完成后，最终目的是将其部署到实际应用场景中，去完成特定任务，提升效率，或者创造新的价值。这就是"场景落地"。

AI 的场景落地，往往是对传统工作流程、产品或服务的"AI 改造"。例如：

◎ **客服行业**：传统的电话客服，部分被 AI 聊天机器人替代，处理常见问题，24 小时在线。

◎ **金融行业**：人工审核贷款申请，部分被 AI 风控模型替代，更快更准确地评估信用风险。

◎ **内容创作**：记者撰写新闻稿，AI 可以辅助收集资料、生成初稿，甚至进行多语言翻译。

◎ **农业领域**：农民凭经验判断作物生长情况，AI 可以通过无人机拍摄的图像分析作物健康度、预测病虫害。

◎ **医疗领域**：医生肉眼阅片，AI 辅助诊断系统可以标记出可疑病灶，提高诊断效率和准确性。

对于大部分同学而言，你的专业领域就是 AI 场景落地的沃土。你最了解自己专业的工作流程、痛点问题、用户需求。你能敏锐地发现哪些环节可以通过 AI 技术进行优化，AI 如何与现有工作方式结合才能发挥最大效用，以及 AI 应用可能带来的伦理、社会影响。

| 案例： | AI 改造考古发掘资料整理 |

传统考古工作中，出土文物的分类、记录、绘图和信息录入是一项繁重且耗时的工作。某考古专业的学生小王，在实习中发现这个问题后，开始思考 AI 的应用。他了解到计算机视觉技术可以进行图像识别和特征提取。于是，他与计算机专业的同学合作，尝试开发一个小型 AI 工具：通过拍摄出土陶片的高清照片，AI 模型可以初步识别陶片的纹饰、器型，并与数据库中的已知文物进行比对，自动生成初步的分类建议和信息标签。这大大减轻了考古队员的基础整理工作量，让他们能更专注于研究和解读。

在这个案例中，小王的考古专业知识是"场景落地"的关键。他明确了痛点（资料整理效率低），构想了 AI 解决方案（图像识别辅助分类），并能评估方案的可行性和效果。

数据感知是基础（输入），模型搭建是核心（处理），场景落地是目标（输出）。它们共同构成了 AI 从学习到应用的全过程。作为一名学生，你可能不会深入参与模型算法的编写，但你可以在数据端提供高质量的"养料"，在场景端指明应用的方向和需求，并参与评估和优化 AI 系统的表现，甚至在人机交互设计、伦理规范制定等方面发挥独特作用。

6.1.2 当前主流技术工具速成

好消息是，如今使用 AI 并不一定需要从零开始编写复杂的代码。大量成熟的 AI 工具和平台已经涌现，它们将强大的 AI 能力封装起来，让非技术背景的用户也能轻松上手，享受 AI 带来的便利。这些工具可以极大地提升你的学习效率、工作能力和创新潜力。下面介绍几类主流的、大部分同学也能快速掌握的 AI 工具：

1. 自然语言处理（NLP）工具

自然语言处理（NLP）是 AI 中与人类语言打交道的分支，旨在让计算机理解、解释、生成人类语言。这类工具对文科、社科、商科等专业的同学尤其有用。

（1）AI 写作助手（如通议千问、讯飞星火、文心一言等）

功能：帮助你润色文字、改写句子、扩展段落、总结内容、生成草稿、检查语法和风格等。

应用场景：写论文、写报告、写邮件、写策划案、创作营销文案、准备演讲稿。

真实案例：一位市场营销专业的学生，在准备一份产品推广方案时，使用了 AI 写作助手。她输入了产品的核心卖点和目标受众，AI 帮助她生成了多个不同风格的广告语和社交媒体帖子初稿，大大激发了她的灵感，并节省了构思时间。

（2）AI 文本分析工具（如朱雀 AI 检测、天目等）

功能：自动提取文本中的关键信息（如实体、主题、情感倾向）、进行文本分类、情感分析等。

应用场景：分析大量的用户评论了解产品反馈、研究社交媒体上对某一事件的情感态度、快速从大量文献中筛选相关信息。

真实案例：一位社会学专业的学生在研究公众对某项政策的看法时，收集了数千条网络评论。她使用文本分析工具对这些评论进行情感分析和主题提取，快速了解了公众的主要关切点和情绪分布，为她的研究报告提供了有力的数据支持。

（3）AI 翻译工具（如网易有道词典，阿里翻译 Marco-MT 模型）

功能：提供比传统机器翻译更自然、更准确的翻译结果。

应用场景：阅读外文文献、与国际友人交流、翻译课程资料。

2. 计算机视觉（CV）工具

计算机视觉（CV）旨在让计算机"看懂"和解释图像、视频内容。这类工具对设计、艺术、传媒、医学影像、遥感等专业的同学有很大帮助。

（1）AI 图像生成与编辑工具（即梦 AI、文心一格等）

功能：根据文字描述生成图片、对现有图片进行智能编辑（如移除背景、替换物体、风格迁移）、视频智能剪辑（如自动识别精彩片段、添加字幕）。

应用场景：创作插画、设计海报、制作演示文稿配图、编辑短视频、生成艺术概念图。

真实案例：一位艺术设计专业的学生，在为一个概念产品设计宣传海报时，苦于找不到合适的背景素材。她使用了 AI 图像生成工具，输入了"未来城市、赛博朋克风格、黄昏光线"等关键词，AI 生成了几张符合她想象的背景图片，她在此基础上进行二次创作，完成了令人惊艳的海报设计。Runway ML 则帮助播音主持或影视专业的同学快速剪辑视频片段，甚至实现"绿幕"效果而无需真实绿幕。

（2）AI 图像识别与分析工具（如商汤科技 SenseTime，腾讯优图等）

功能：识别图片中的物体、场景、人脸、文字（OCR）、检测不当内容等。

应用场景：自动给图片库打标签方便检索、从扫描文档中提取文字、分析医学影像中的异常特征、识别监控视频中的特定事件。

真实案例：一位植物学专业的学生，在野外考察时拍摄了大量植物照片。她使用了一款集成图像识别功能的 App，能够快速识别植物种类，并链接到相关的植物学数据库，大大提高了她野外工作的效率。

3. 零代码 / 低代码（No-Code/Low-Code）AI 平台

零代码 / 低代码平台允许用户通过图形化界面拖拽组件、配置参数的方式，构建应用程序或自动化工作流程，而无需编写（或只需编写少量）代码。许多这类平台也集成了 AI 功能。

（1）自动化流程工具（如字节跳的扣子 Coze）

功能：连接不同的 App 和服务，创建自动化的工作流。例如，"当收到一封特定发件人的邮件时，自动将其附件保存到云盘，并发送一条通知到聊天工具"。

应用场景：自动化日常重复性任务，如信息同步、数据备份、社交媒体定时发布、邮件自动分类处理等。

真实案例：一位学生社团的宣传部成员，使用了 coze.com 来自动化社团活动宣传流程。她设置了一个工作流：当她在共享文档中更新了活动信息后，系统会自动提取信息，生成一条包含活动海报（海报可能是用 Canva AI 辅助设计的）的社交媒体帖子，并在预设的时间自动发布到多个平台。

（2）无代码 AI 模型构建平台（如阿里巴巴的宜搭、百度 AgentBuilder）

功能：允许用户上传自己的数据（图片、文本、声音），通过简单的界面操作就能训练定制化的 AI 模型，无需编程。

应用场景：快速验证 AI 在特定小众场景下的应用想法。例如，训练一个能识别你个人物品的模型，或者一个能区分不同鸟叫声的模型。

真实案例：一位宠物爱好者使用 Teachable Machine，上传了数百张自家猫咪不同姿态（如"睡觉""吃饭""玩耍"）的照片，训练了一个简单的图像分类模型。虽然这个模型可能不具备商业级精度，但这个过程让她直观地理解了 AI 模型训练的基本原理。

6.2　AI 浪潮下的职业机会清单

扫码看微课
对应视频：6.2 AI 浪潮下的职业
机会清单

AI 技术的飞速发展，正在深刻重塑就业市场。一方面，一些重复性的、流程化的岗位可能面临被 AI 替代的风险；另一方面，AI 也催生了大量全新的职业机会，尤其是那些需要将 AI 技术与特定行业知识深度融合的岗位，以及那些围绕 AI 生态系统产生的非纯技术岗位。对各类专业背景的学生来说，其中蕴藏着巨大的潜力。

根据行业分析，未来 AI 相关的岗位需求将持续高速增长。我们可以将这些机会大致分为两大类：技术融合型岗位和非技术主导岗位，如图 6-2 所示。

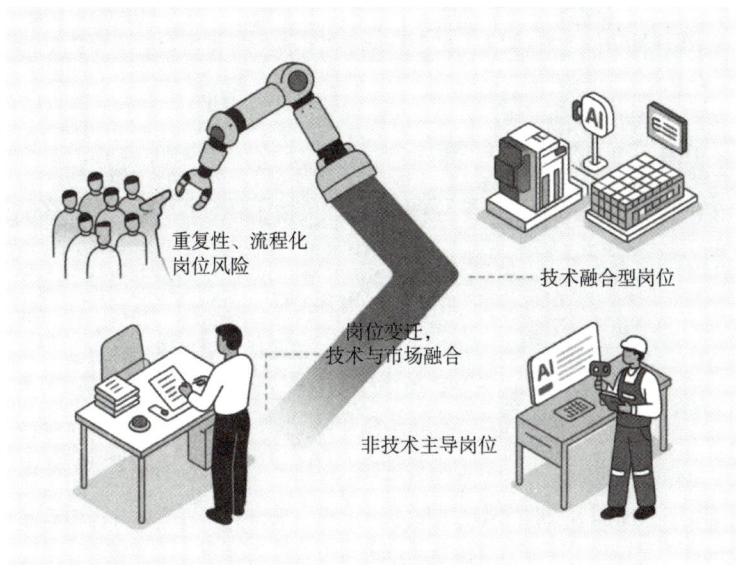

图 6-2　AI 相关的岗位需求

6.2.1　技术融合型岗位

这类岗位是 AI 时代的主战场，它们的核心要求是将 AI 技术作为一种强大的工具，应用到你所熟悉的专业领域中，解决实际问题，创造新的价值。你不需要成为顶级的 AI 算法科学家，但你需要理解 AI 能做什么、不能做什么，如何将 AI 与你的领域知识结合。你将扮演"领域专家 + AI 应用者"的双重角色，如图 6-3 所示。

1. 经济 / 金融 + AI

角色描述：

（1）智能风控分析师：利用 AI 模型（如机器学习、深度学习）分析海量交易数据、用户行为数据、征信报告等，识别和预测潜在的欺诈风险、信用风险、市场风险。设计和优化风控规则与策略。

（2）量化策略研究员：运用统计学、机器学习等方法，分析金融市场数据，研发、测试和部署自动化交易策略。

（3）金融科技产品经理：结合金融业务需求和 AI 技术可能性，设计和规划创新的金融产品或服务，如智能投顾、智能信贷、个性化保险等。

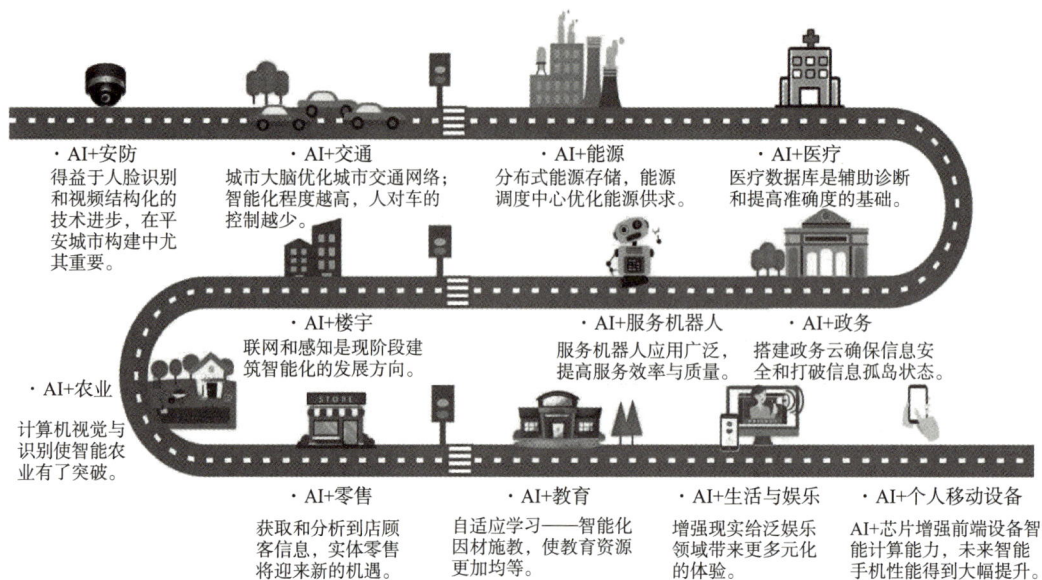

- AI+安防
得益于人脸识别和视频结构化的技术进步，在平安城市构建中尤其重要。

- AI+交通
城市大脑优化城市交通网络；智能化程度越高，人对车的控制越少。

- AI+能源
分布式能源存储，能源调度中心优化能源供求。

- AI+医疗
医疗数据库是辅助诊断和提高准确度的基础。

- AI+楼宇
联网和感知是现阶段建筑智能化的发展方向。

- AI+服务机器人
服务机器人应用广泛，提高服务效率与质量。

- AI+政务
搭建政务云确保信息安全和打破信息孤岛状态。

- AI+农业
计算机视觉与识别使智能农业有了突破。

- AI+零售
获取和分析到店顾客信息，实体零售将迎来新的机遇。

- AI+教育
自适应学习——智能化因材施教，使教育资源更加均等。

- AI+生活与娱乐
增强现实给泛娱乐领域带来更多元化的体验。

- AI+个人移动设备
AI+芯片增强前端设备智能计算能力，未来智能手机性能得到大幅提升。

图 6-3　技术融合型岗位

所需能力：深厚的金融 / 经济学理论知识，熟悉金融市场运作规则和监管要求，较强的数据分析能力，理解机器学习模型（如分类、回归、聚类、时间序列预测）的基本原理和应用场景，熟悉至少一种数据分析工具（如 Python 的 Pandas/Scikit-learn 库、R 语言）。

真实场景：某银行的智能风控团队，引入了一位经济学背景、自学了 Python 和机器学习的分析师。他利用其对宏观经济周期和用户消费行为的理解，协助算法工程师优化了信用卡反欺诈模型中的特征工程，显著提高了模型对新型欺诈手段的识别准确率。

2. 医学 / 生命科学 + AI

角色描述：

（1）医疗 AI 产品经理：洞察临床需求（如辅助诊断、疾病预测、药物研发、健康管理），定义医疗 AI 产品的功能、用户体验和商业模式，协调研发、临床验证和市场推广。

（2）医学影像 AI 分析师：与算法工程师合作，利用 AI 技术（尤其是计算机视觉、深度学习）分析 CT、MRI、X 光、病理切片等医学影像，辅助医生进行病灶检测、良恶性判断、疾病分期等。负责数据标注质量控制、模型性能评估。

（3）生物信息学 AI 工程师：将 AI 算法应用于基因组学、蛋白质组学等生物数据的分析，加速新药研发、疾病机理研究、精准医疗方案设计。

所需能力：扎实的医学或生命科学基础知识，熟悉临床工作流程或科研方法，理解医学影像特点或生物数据结构，了解机器学习/深度学习在医疗领域的应用（如 CNN 在图像识别中的应用），关注医疗 AI 的伦理、法规和数据隐私问题。

> **真实场景**：一家专注于肺癌早期筛查的 AI 公司，其产品团队中有多位临床医学背景的产品经理。他们凭借对呼吸科医生阅片习惯和诊断逻辑的深入理解，帮助算法团队优化了 AI 模型对微小结节的检出敏感性，并设计了更符合医生工作流程的人机交互界面，使得 AI 产品能更好地融入临床实践。

3. 法律 + AI

角色描述：

（1）法律科技产品经理：设计和推广应用于法律行业的 AI 工具，如智能合同审查、案例检索、证据分析、在线纠纷解决平台等。

（2）智能合规检查员：利用 AI 工具对企业运营、金融交易、合同文本等进行自动化合规性审查，识别潜在的法律风险和违规行为。

（3）AI 辅助案情分析师：运用自然语言处理、知识图谱等 AI 技术，对大量案件卷宗、法律文书进行信息提取、关联分析、证据链构建，辅助律师或法官进行案情研判。

所需能力：坚实的法学理论功底，熟悉特定法律领域（如合同法、公司法、知识产权法）的实务操作，较强的逻辑分析和文本理解能力，了解 NLP 技术（如文本分类、实体识别、关系抽取）的基本原理和应用，关注 AI 在法律领域的伦理挑战和证据效力问题。

> **真实场景**：一家大型律师事务所采用了一款 AI 合同审查软件。团队中一位有经验的律师，虽然不写代码，但他深度参与了软件的"训练"过程。他提供了大量合同范本和审查要点，帮助 AI 模型学习识别合同中的常见风险条款和缺失条款。现在，这款 AI 软件能辅助初级律师在几分钟内完成合同初审，极大提高了工作效率。

4. 设计/艺术 + AI

角色描述：

（1）生成式设计协同师：运用 AIGC（AI Generated Content）工具（如 Midjourney，Stable Diffusion）进行创意构思、草图生成、素材创作，并结合自身设计专业能力进行筛选、修改和深化，与 AI 协同完成设计项目（如广告海报、产品原型、服装图案）。

（2）AI艺术策展人：研究和策划以AI生成艺术或AI参与创作的艺术为主题的展览，探讨AI对艺术创作、审美观念的影响。

（3）虚拟空间设计师（结合VR/AR/Metaverse）：利用AI工具辅助设计和构建沉浸式的虚拟环境、数字人和交互体验。

所需能力：深厚的美学素养和设计理论基础，熟练掌握至少一种AIGC工具并理解其"提示词工程"（Prompt Engineering）技巧，具备将AI生成内容与专业设计流程结合的能力，对新兴艺术形式和技术有敏锐的洞察力。

> **真实场景：**一位服装设计师在准备她的毕业设计系列时，使用了AI图像生成工具。她输入了"中国水墨画风格、未来主义剪裁、仙鹤图案"等关键词，AI生成了大量独特的服装设计概念图。她从中挑选出最具潜力的几张，再结合自己的手绘和制版技能，最终创作出一系列融合传统与未来的惊艳作品，获得了广泛好评。

5. 农业/环境+AI

角色描述：

（1）智能种植监测员：利用无人机、传感器收集的农田数据（土壤、气象、作物长势图像），结合AI分析模型，监测作物健康状况，预警病虫害，指导精准施肥、灌溉。

（2）精准农业方案规划师：整合AI分析结果、农业知识和市场需求，为农场或农业企业提供定制化的精准农业解决方案，优化种植结构，提高产量和效益。

（3）环境AI数据分析师：运用AI技术分析卫星遥感数据、气象数据、污染物监测数据等，评估环境质量、预测气候变化影响、监测野生动物种群动态、辅助制定环境保护策略。

所需能力：扎实的农学、植物学、土壤学或环境科学知识，了解遥感技术、物联网（IoT）传感器应用，理解机器学习在数据分析和预测中的作用，具备田间地头的实践经验或环境监测项目经验者更佳。

> **真实场景：**某现代农业示范园区，聘请了一位农学专业背景并对AI技术有浓厚兴趣的毕业生小张担任智能种植监测员。小张学习操作无人机和AI分析软件，每天分析园区传回的作物高光谱图像。一旦发现某片区域的作物叶绿素含量异常，AI会发出预警。小张会结合自己的农学知识判断可能的原因（如缺肥、病害初期），并指导农技人员进行精准干预，有效减少了农药和化肥的使用，提升了作物品质。

除了上述领域，教育 +AI（个性化学习路径设计师、智能教学系统评估师）、新闻传播 +AI（AI 新闻内容审核员、数据新闻记者）、心理学 +AI（AI 心理咨询助手开发者、用户情绪分析师）等等，几乎所有专业都有与 AI 融合的广阔空间。关键在于你是否能主动去探索这种结合的可能性。

6.2.2 非技术主导岗位

扫码看微课
对应视频：6.2.2 非技术主导岗位

这类岗位虽然也与 AI 紧密相关，但它们更侧重于 AI 的治理、推广、沟通和人本化应用，对编程能力的要求相对较低，但对你的专业素养、沟通协调能力、批判性思维、人文关怀提出了更高要求。这类岗位往往是连接 AI 技术与社会、用户、商业的桥梁。

1. AI 伦理与合规专家

角色描述：研究 AI 技术发展可能带来的伦理风险（如算法偏见、隐私侵犯、就业冲击、问责性缺失），参与制定 AI 伦理准则、行业规范和法律法规。在企业内部，负责评估 AI 产品和系统的伦理合规性，确保 AI 的开发和应用符合"以人为本"、"负责任创新"的原则。

所需背景：哲学（尤其是伦理学）、法学、社会学、公共政策等专业背景。

核心能力：深刻的伦理思辨能力，对社会公平正义问题的敏感性，熟悉相关法律法规和政策动态，优秀的跨学科沟通能力（能与技术人员、管理层、公众有效对话）。

真实场景：一家开发人脸识别技术的公司，聘请了 AI 伦理专家。专家发现，由于训练数据中特定族裔的样本不足，模型对该族裔的识别准确率较低，可能造成歧视。专家提出改进建议，并推动公司建立更严格的数据采集和模型评估流程，以降低偏见风险。

2. 人机协作体验工程师 /AI 交互设计师

角色描述：专注于设计 AI 产品或系统与用户之间的交互方式，确保用户能够自然、高效、愉悦地与 AI 协作。研究 AI 介入后对人类工作流程、决策方式的影响，优化人机协同的效率和体验。例如，设计智能客服的对话流程，设计 AI 辅助设计软件的操作界面。

所需背景：心理学（尤其是认知心理学、工程心理学）、工业设计、人机交互（HCI）、用户体验（UX）设计等专业背景。

核心能力：深刻的同理心和用户洞察力，掌握用户研究方法（如用户访谈、可用性测试），熟悉交互设计原则和工具，理解 AI 的能力边界，能够设计出既能发挥 AI 优势，又能尊重用户主导权和认知负荷的交互方案。

> **真实场景：**一款 AI 编程助手（如 GitHub Copilot）的体验设计师，需要研究程序员在不同编程场景下的需求和痛点，设计 AI 代码建议的呈现方式、触发时机、用户反馈机制等，确保 AI 助手既能提供有效帮助，又不会干扰程序员的思路或产生过多不相关的建议。

3. AI 市场运营专员 /AI 产品营销经理

角色描述：负责 AI 产品或服务的市场推广和用户增长。需要深刻理解 AI 技术的价值和应用场景，能够将其转化为用户听得懂、感兴趣的语言，策划和执行有效的营销活动，构建用户社群，收集市场反馈，驱动产品迭代。

所需背景：市场营销、广告学、新闻传播、工商管理等专业背景。

核心能力：敏锐的市场洞察力，优秀的文案撰写和内容创作能力，熟悉数字营销渠道和工具，具备数据分析能力以评估营销效果，强大的沟通和表达能力，对 AI 技术有一定理解和热情。

> **真实场景：**一家推出 AI 教育产品的初创公司，其市场运营专员需要向 K12 阶段的学生家长和老师解释"个性化学习路径推荐""AI 智能错题分析"等功能的价值，通过组织线上体验课、撰写案例故事、在教育论坛和社群进行互动等方式，吸引用户试用并转化为付费客户。

4. 技术叙事翻译官（沟通技术与用户 / 商业的桥梁）

角色描述：这是一个新兴的、但越来越重要的角色。他们擅长将复杂艰涩的 AI 技术原理、算法逻辑、数据洞察，用通俗易懂、引人入胜的方式解释给非技术背景的听众（如客户、管理层、投资者、公众）。他们是技术团队与业务团队、市场团队之间的"翻译官"和"润滑剂"。

所需背景：专业不限，但通常在特定领域（如金融、医疗、制造）有一定积累，同时对 AI 技术有强烈的好奇心和学习能力。新闻、传播、科学普及、咨询等背景的人可能有优势。

核心能力：极强的学习和理解能力（能快速掌握新技术的核心概念），卓越的沟通表达能力（口头和书面），善于运用类比、故事、可视化等方式解释复杂事物，深刻理解业务需求和用户痛点，具备跨团队协作能力。

> **真实场景：** 一家为传统制造企业提供 AI 驱动的供应链优化方案的公司，其"技术叙事翻译官"在向一家潜在客户（一家大型家电制造商）做方案演示时，并没有堆砌 AI 算法细节，而是通过一个生动的模拟案例，展示了 AI 如何根据市场需求波动、原材料价格变化、物流拥堵等实时数据，动态调整生产计划和库存水平，最终帮助企业降低了多少成本、提升了多少交付准时率。客户听懂了价值，合作意向大大增强。

这些非技术主导岗位，同样是 AI 生态中不可或缺的一环。它们确保 AI 技术能够被正确理解、负责任地应用、有效地推广，并最终服务于人类福祉。对于拥有良好沟通能力、人文素养和特定领域洞察的大部分同学来说，这些岗位可能为你提供了意想不到的广阔舞台。

6.3 职业转型能力矩阵

扫码看微课
对应视频：6.3 职业转型能力矩阵

明确了 AI 浪潮中的职业机会后，下一步就是思考：我该如何装备自己，才能抓住这些机遇？对于非计算机专业的同学来说，转型 AI 相关领域，并非要你从零开始成为一名 AI 算法工程师（当然，如果你对此有浓厚兴趣并愿意投入大量时间，这也是一条路径），而是要构建一个独特且有竞争力的"能力矩阵"。这个矩阵强调的是你现有专业知识与 AI 素养的有机结合。

6.3.1 三维度竞争力模型

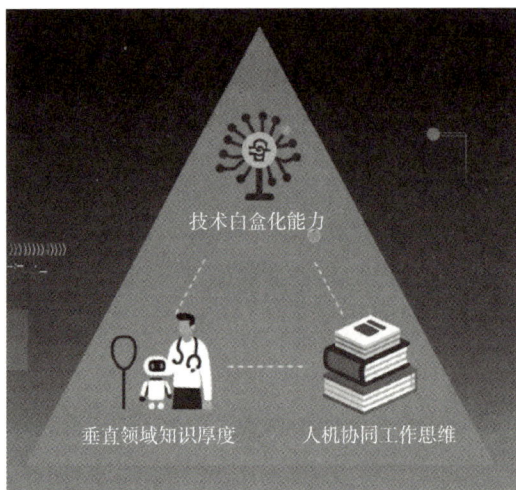

图 6-4　三维度竞争力模型

我们提出一个"三维度竞争力模型"，如图 6-4 所示，帮助你理解在 AI 时代，非科班出身的你，核心竞争力应该体现在哪些方面：

1. 技术白盒化能力（理解而非必须精通编写代码）

所谓"技术白盒化能力"，指的是你不需要像计算机专业的学生那样，深入到 AI 算法的每一个数学公式和代码实现细节（即"黑盒"的内部构造），但你需要对 AI 的基本原理、核心概念、能力边界、常见应用场景有一个清晰的"白盒化"理解。这意味着：

（1）理解基本概念：什么是机器学习、深度学习、自然语言处理、计算机视觉？它们大致是如何工作的？（参考 6.1.1 的"AI 的技术三模块"）

（2）了解主流技术和工具：知道当前有哪些主流的 AI 技术（如大语言模型、生成式 AI），有哪些好用的 AI 工具（如 DeepSeek、Midjourney、各类 AI 分析平台），它们能解决什么问题？（参考 6.1.2 的"当前主流技术工具速成"）

（3）辨别 AI 的适用性：能够判断在你的专业领域，哪些问题适合用 AI 解决，哪些不适合。理解 AI 的优势（如处理海量数据、识别复杂模式）和局限（如依赖数据质量、可能存在偏见、缺乏真正的创造力和情感）。

（4）能够与技术人员有效沟通：当你需要与 AI 工程师或数据科学家合作时，你能够用相对准确的语言描述你的需求、理解他们的技术方案、评估 AI 系统的表现，并提出有价值的反馈。

（5）掌握某些 AI 工具的应用（可选）：对于某些岗位（如 AI 运营、生成式设计协同师），熟练操作相关的 AI 工具（如 AIGC 工具、数据分析工具、自动化工具）是必备技能。

如何培养这项能力？

◎ 阅读科普类 AI 书籍和文章，观看优质的 AI 纪录片和在线课程（如吴恩达的"AI for Everyone"）。

◎ 关注 AI 科技媒体和行业报告，了解最新技术动态和应用案例。

◎ 亲自动手体验和使用各种 AI 工具，从实践中学习。

◎ 学习一些基础的编程语言（如 Python）和数据分析方法，这能帮助你更深入地理解 AI 的工作方式，但并非所有岗位都强制要求。

核心观点：对于大部分同学，AI 技术的理解深度应服务于你的专业应用。目标不是成为 AI 研发者，而是成为 AI 的"超级用户"和"智慧应用者"。

2.垂直领域知识厚度（你的核心壁垒）

这是大部分同学在 AI 时代最宝贵的资产，也是你区别于纯技术背景人才的核心竞争力。你多年积累的专业知识、行业经验、领域洞察，是 AI 技术发挥价值的土壤和方向。

（1）深厚的专业理论基础：无论是经济学的供需理论、医学的病理生理、法学的逻辑体系，还是艺术史的风格流派，这些都是你理解和解决复杂问题的基石。

（2）熟悉行业运作规则和痛点：你了解特定行业的工作流程、关键环节、效率瓶颈、未被满足的需求。这些是 AI 技术应用的切入点。例如，一位资深医生远比 AI 工程师更清楚临床诊断的复杂性和微妙之处。

（3）拥有高质量的领域数据和解读能力：你的专业训练使你能够获取、评估、清洗、标注和解读特定领域的数据，这些高质量的"养料"对训练出优秀的 AI 模型至关重要。

（4）具备领域内的批判性思维和判断力：AI 给出的结果可能存在错误或偏见，你需要用你的专业知识去审视、验证和修正 AI 的输出，确保其可靠性和合理性。

如何强化这项能力？

◎ 在校期间，扎实学好专业课程，积极参与科研项目和实习实践，不断加深对专业的理解。

◎ 关注本领域的前沿动态，思考 AI 技术如何与这些动态结合。

◎ 有意识地将 AI 的视角引入专业学习和研究中，尝试用 AI 工具解决专业问题。

◎ 如果已经工作，持续深耕所在行业，积累实践经验，成为真正的领域专家。

案例： 历史学家的 AI "翻译"

某博物馆希望利用 AI 技术对其馆藏的数万件青铜器铭文进行自动识别和初步解读。AI 工程师可以构建强大的图像识别和 NLP 模型，但他们缺乏对古文字演变、特定时期语法特征以及铭文背后历史背景的认知。这时，历史学家和古文字学家的"垂直领域知识厚度"就显得尤为关键。他们能够：

提供高质量的已释读铭文作为训练数据，并指导数据标注的规范。

帮助 AI 工程师理解古文字的复杂性（如异体字、通假字、残损字），从而优化模型设计。

对 AI 模型的释读结果进行专业审核和校订，发现 AI 可能出现的系统性错误。

将 AI 释读出的零散信息，结合历史文献和考古发现，串联成有意义的历史叙事。

在这个案例中，历史学家的领域知识是 AI 项目成功的核心保障，他们是 AI 技术与历史研究之间的桥梁。

---

3. 人机协同工作思维（面向未来的工作方式）

AI 不是要取代人类，而是要增强人类。未来的工作模式，将越来越多地体现为"人机协同"——人类与 AI 发挥各自优势，共同完成任务。你需要培养与 AI 高效协作的思维和能力。

（1）理解 AI 的优势与劣势：知道什么时候该依赖 AI（如处理大数据、执行重复性任务、快速模式识别），什么时候该发挥人类的优势（如创造力、情感理解、复杂决策、伦理判断、应对突发情况）。

（2）学会向 AI "提问"和"指令"：对于生成式 AI 等工具，掌握有效的"提示词工程"（Prompt Engineering）技巧，能够清晰、准确地向 AI 表达你的需求，引导 AI 生成高质量的输出。

（3）培养对 AI 输出的批判性评估能力：不盲从 AI 的结果，能够识别 AI 可能存在的偏见、错误或局限，并进行人工干预和修正。

（4）适应 AI 带来的工作流程变化：乐于学习和使用新的 AI 工具，并思考如何将它们融入自己的工作流程中，以提升效率和创造力。

（5）关注人机交互的体验和伦理：在设计或使用 AI 系统时，思考如何让交互更自然、更人性化，如何保护用户隐私，如何确保 AI 的公平性和透明度。

如何培养这项能力？

◎ 在日常学习和工作中，积极尝试使用各种 AI 工具，并反思人机协作的过程。哪些任务 AI 做得好？哪些仍需人工主导？如何更好地配合？

◎ 学习一些关于人机交互、用户体验设计、AI 伦理的基础知识。

◎ 参与一些需要团队协作的项目，尤其是涉及技术和非技术背景成员合作的项目，锻炼沟通和协同能力。

◎ 保持开放的心态，拥抱变化，将 AI 视为提升个人能力的伙伴而非竞争对手。

这三个维度——技术白盒化能力、垂直领域知识厚度、人机协同工作思维——相互支撑，共同构成了你在 AI 时代的独特竞争力。对于大部分同学而言，你的核心策略应该是：以深厚的垂直领域知识为根基，以扎实的技术白盒化能力为支撑，以高效的人机协同工作思维为方法，找到你与 AI 的最佳结合点。

6.3.2 学习路径设计

知道了能力目标，如何系统地学习和提升呢？我们为你设计了一个分阶段的学习路径，帮助你从 AI 认知入门到实战能力储备，逐步构建起自己的 AI 转型能力。

1. AI 认知加速期（强化月，约 1~3 个月）

目标：快速建立对 AI 的基本认知，了解核心概念、主流技术和应用趋势，打破信息壁垒，激发学习兴趣。

行动方案：

（1）阅读入门书籍 / 报告：

◎ 李开复《AI·未来》或《AI 未来进行式》：宏观视角，通俗易懂。

◎ 吴军《智能时代》：梳理信息革命和智能革命的脉络。

◎ 国内外知名咨询公司（如麦肯锡、埃森哲、德勤）发布的 AI 行业报告：了解产业趋势和商业应用。

◎ 针对特定 AI 分支的科普读物，如 Melanie Mitchell 的《AI：一种现代方法（第 3 版）》导读部分，或《终极算法》等。

（2）观看优质在线课程 / 纪录片：

◎ **Coursera/edX 平台**：吴恩达的 "AI for Everyone"（AI 入门首选，专为非技术人士设计）， "Elements of AI"（芬兰赫尔辛基大学出品，免费优质）。

◎ **国内平台**，如学堂在线、中国大学 MOOC，搜索 "人工智能导论" "人工智能通识" 等课程。吴恩达的 "AI for Everyone"，AI 入门首选，专为非技术人士设计；

◎ **纪录片**：《AlphaGo》《智能革命》《他乡的 AI》（从人文视角看 AI）。

（3）动手体验 AI 工具：

◎ 注册并试用 DeepSeek、Bard、文心一言、讯飞星火等大语言模型，体验其对话、写作、编程、知识问答能力。

◎ 尝试即梦 AI、豆包画图等 AI 绘画工具，体验 AIGC 的魅力。

◎ 使用 Wordtune、Notion AI 等 AI 写作助手，辅助日常写作。

◎ 探索 Teachable Machine 等无代码 AI 平台，亲手训练一个小模型。

产出：完成 1～2 门 AI 通识课程，阅读 2～3 本 AI 入门书籍 / 核心报告，撰写学习笔记和 AI 工具体验报告，形成对 AI 的基本图景认知。

2. 行业洞见期（顶会摘要速通，约 2～4 个月）

目标：将 AI 认知与自己的专业领域结合，了解 AI 在本行业的具体应用、前沿研究和潜在机遇，形成初步的 "领域 +AI" 洞察。

行动方案：

（1）关注本领域的 "AI+" 应用：

1）搜索关键词：［你的专业］+ AI、［你的行业］+ 人工智能应用、［你的专业］+ 机器学习案例。

2）阅读专业期刊 / 会议中关于 AI 应用的论文（重点看摘要、引言、结论和图表）。

3）查找本领域是否有专门的 "AI+X" 会议或论坛，关注其议程和演讲摘要。例如，医学领域的 "医疗人工智能大会"，法律领域的 "法律科技大会"。

（2）与领域内的 "AI 先行者" 交流：

通过校友网络、行业活动、社交媒体等渠道，找到已经在自己专业领域应用 AI 的学长学姐或从业者，进行信息访谈。

产出：撰写一份关于 "AI 在［你的专业 / 行业］的应用现状与前景分析" 的报告，

梳理至少 5～10 个具体的"AI+ 领域"案例，形成自己对 AI 在本领域价值的判断。

3. 实战储备期（小项目孵化，约 3～6 个月）

目标：将理论认知和行业洞见转化为初步的实践能力，通过完成小型项目，体验 AI 工具的实际应用，积累作品集，提升解决问题的能力。

行动方案：

（1）选择一个与专业相关的小项目

1）数据分析类：找一个你专业领域的公开数据集（如政府公开数据、Kaggle 竞赛数据、学术研究数据），尝试用 Python（Pandas，Matplotlib，Seaborn）或无代码 / 低代码数据分析工具（如 Google Sheets + AI 插件，Orange3）进行数据清洗、可视化和初步的模式发现。例如，经济学学生分析某市房价影响因素，社会学学生分析社交媒体情感数据。

2）AIGC 创作类：运用 AI 绘画、AI 写作、AI 视频生成工具，创作一个与你专业内容相关的作品。例如，历史学学生用 AI 生成一组描绘特定历史场景的插画，文学系学生用 AI 辅助创作一首特定风格的诗歌或短篇故事。

3）自动化流程类：使用 Zapier，Make.com 等工具，为你日常学习或社团工作中某个重复性任务设计一个自动化流程。例如，自动收集特定主题的新闻并汇总到笔记软件。

4）无代码模型训练类：使用 Teachable Machine 等平台，为你专业中的某个简单分类任务训练一个模型。例如，艺术史学生训练一个区分不同画派作品的模型（基于少量典型作品），植物学学生训练一个识别校园常见植物的模型。

（2）学习必要的工具和技能：

1）根据项目需求，针对性学习相关 AI 工具的使用方法（通常有大量在线教程）。

2）如果项目涉及数据分析，建议学习 Python 基础和常用数据科学库（如 Pandas，NumPy，Scikit-learn 入门）。Coursera，DataCamp，freeCodeCamp 等平台有优质课程。

3）掌握项目管理的基本方法，制定计划，分解任务，记录过程。

（3）记录和展示项目成果：

1）详细记录项目的背景、目标、使用的方法和工具、遇到的问题及解决方案、最终成果和心得体会。

2）将项目整理成一份清晰的报告或演示文稿，可以放在个人博客、GitHub（即使不是代码项目，也可以放项目文档和成果），或在线作品集网站（如 Behance，如果偏设计类）。

产出：完成 1～2 个有实际产出的 Mini 项目，形成初步的"作品"，获得 AI 工具应用的实践经验，提升解决实际问题的信心。

4.生态连接期（社群深度参与，长期持续）

目标：融入 AI 相关的学习和实践社群，获取最新信息，拓展人脉资源，寻求合作机会，持续提升 AI 素养和行业影响力。

行动方案：

（1）加入线上 AI 学习社群 / 论坛：CSDN、InfoQ、知乎（关注 AI 话题和相关大 V）、垂直领域的 AI 微信群 /QQ 群。积极参与讨论，提问，分享学习心得和项目经验。

（2）参与线下 AI 活动 /Meetup：关注本地（城市或学校）举办的 AI 讲座、研讨会、工作坊、黑客松等活动；主动与参会者交流，结识同行，拓展人脉。

（3）关注并参与开源项目（即使是非代码贡献）：

许多 AI 项目（如 Hugging Face Transformers，TensorFlow，PyTorch）和 AI 应用框架是开源的。非技术背景的同学也可以做贡献，例如：帮助翻译文档、撰写用户教程、测试软件并反馈 bug、参与用户体验调研、贡献特定领域的数据集（如果符合规范和伦理）。这不仅能让你深入了解 AI 项目的运作，也是展示你能力和热情的好方式。

（4）建立个人品牌 / 影响力（可选，但推荐）：

通过写博客、在知乎 / 公众号发表文章、制作视频等方式，分享你学习 AI 的心得、对 "AI+ 专业" 的见解、Mini 项目经验。这有助于你梳理思路，吸引同道中人，并可能带来意想不到的机会。

（5）寻求实习 / 实践机会：

当你有了一定的认知基础和实战储备后，积极寻找 AI 相关领域的实习机会，即使是初级岗位或辅助性工作，也能让你获得宝贵的行业经验。

产出：建立起自己的 AI 学习网络和信息渠道，获得持续学习的动力和资源，积累行业人脉，提升在 AI 领域的 "能见度"。

这个学习路径并非一成不变，你可以根据自己的兴趣、专业背景和时间安排进行调整。关键是保持好奇心，主动学习，勇于实践，并乐于分享。记住，AI 转型是一个持续学习和迭代的过程。

6.4　拓展阅读

人工智能时代的生存法则

经过这趟漫长的 "未来之路" 探索之旅，相信你对 AI 技术、AI 职场以及如何将你的专业与 AI 结合，已经有了更清晰、更深入的认识。人工智能时代，如同一片广阔无垠的新大陆，充满了机遇，也伴随着未知与挑战。它不是少数人的专属盛宴，而是向所有勇于拥抱变化、持续学习的探索者敞开大门，如图 6-5 所示。

图 6-5　勇于创新，突破传统思维

我们为你总结了在人工智能时代的几条核心"生存法则"：

拥抱变化，打破认知边界：AI 不是洪水猛兽，也不是遥不可及的神话。它是工具，是伙伴，是赋能器。主动学习，破除"文科生／非 IT 生与 AI 无关"的刻板印象，认识到你的专业知识在 AI 时代具有独特价值，这是你迈向未来的第一步。

深耕专业，构筑核心壁垒：你的专业背景是你最宝贵的财富。AI 技术需要与领域知识深度融合才能发挥最大效用。无论 AI 如何发展，扎实的专业功底、深刻的行业洞察、批判性思维和解决复杂问题的能力，永远是你不可替代的核心竞争力。

学习 AI，掌握"新语言"：你不必成为 AI 算法专家，但你需要理解 AI 的基本原理，熟悉主流 AI 工具的应用，培养与 AI 高效协作的能力。这就像学习一门新的世界通用语言，它能让你更好地与这个时代对话，拓展你的能力边界。

实践驱动，从 Mini 项目开始：理论学习固然重要，但更关键的是将所学付诸实践。从小处着手，尝试用 AI 工具解决你学习、生活、实习中遇到的实际问题。每一个 Mini 项目的完成，都是你能力提升和信心积累的阶梯。

跨界融合，寻找交叉点：AI 的魅力在于其强大的连接性。积极探索你的专业与 AI 的交叉点，思考如何将 AI 的"智慧"注入你所熟悉的领域，创造出 1+1>2 的价值。这种跨界融合的创新思维，将是你脱颖而出的关键。

终身学习，保持迭代进化：AI 技术日新月异，行业需求也在不断变化。唯一不变的就是变化本身。你需要将学习内化为一种生活习惯，保持对新知识、新技术的好奇心和接纳度，持续更新你的知识体系和技能组合，像 AI 模型一样不断"迭代进化"。

关注伦理，秉持人文关怀：技术本身是中立的，但技术的应用必须服务于人类福祉。在拥抱 AI 的同时，要始终关注其可能带来的伦理风险和社会影响，秉持人文关怀，做一个负责任的 AI 时代公民和建设者。

未来之路，并非坦途，但充满希望。对于每一位大学生来说，AI 为你打开了一扇通往更多可能性的窗。你的文学素养，可能让你成为优秀的 AI 产品叙事者；你的历史积淀，可能让你在数字人文领域大放异彩；你的经济学头脑，可能让你设计出更智能的金融风控模型；你的艺术天赋，可能让你与 AI 共同创造出前所未有的视觉奇观……

请记住，你不是被动等待被 AI 筛选的人，而是可以主动选择如何与 AI 共舞的人。

从现在开始，行动起来吧！去阅读，去学习，去体验，去思考，去实践，去连接。不要害怕犯错，不要畏惧未知。在这个充满无限可能的 AI 时代，愿你能找到属于自己的那条闪光之路，用你的专业智慧和 AI 的力量，共同书写更加精彩的未来篇章！

6.5 小结

AI 技术本质可归纳为数据感知、模型搭建与场景落地的三模块协同，学习者无需深陷代码细节，而应聚焦数据价值判断、模型应用方向与专业场景创新——无论是历史学生用 AI 解读文物数据，还是医学研究者优化影像诊断，专业知识都成为 AI 落地的关键土壤。AI 是增强人类认知的杠杆而非替代者，未来十年真正稀缺的是能把控技术边界、用人文视角重塑产业逻辑的"技术接口型人才"——即使零编程基础，仅需理解 AI 运作规律和目标场景特征，即可成为智能化时代的规则制定者与创新者。专业壁垒与批判思维是技术免疫的护身符，人机共生才是职业安全的保障。

6.6 习题与讨论

1. 选择题

（1）AI 技术三模块不包括以下哪项？（　　　　）

    A. 数据感知

    B. 模型搭建

    C. 算法编码

    D. 场景落地

（2）小李作为哲学系毕业生，成功进入 AI 公司的关键能力是什么？（　　）

    A. 代码编写

    B. 经济学分析

    C. 逻辑与伦理思辨

    D. 计算机视觉建模

（3）法学专业学生可能适合的 AI 岗位是什么？（　　）

    A. 量化策略研究员

    B. 智能合规检查员

    C. 生物信息学工程师

    D. 无人机操控员

（4）人机协同思维的核心目标是什么？（　　）

    A. 用 AI 取代人工

    B. 发挥人类创造力和 AI 效率

    C. 纯粹学习编程能力

    D. 掌握开源代码库

（5）AI 伦理专家的核心职责不包括什么？（　　）

    A. 推动技术底层创新

    B. 识别算法偏见

    C. 制定合规准则

    D. 研究社会影响

2. 填空题

（1）AI 时代竞争力模型的三个维度是技术白盒化能力、垂直领域知识厚度和 _____ 思维。

（2）医疗 AI 产品经理需协调研发验证和 _____ 推广。

（3）提示词工程（Prompt Engineering）主要用于优化 _____ 的输出质量。

（4）终身学习在 AI 时代的具体体现是持续"_____ 进化"。

（5）AI 翻译工具的核心任务是将技术逻辑转化为用户能听懂的 _____。

3. 讨论

（1）结合案例，讨论技术融合型岗位（如法学 +AIGC）与 AI 的关系模型（工具赋能、流程优化、价值共创）分别需要哪些关键能力？如何衡量这些能力的实践效果？

（2）伦理审查过程中，如何利用技术白盒化能力和垂直领域知识共同解决算法偏见问题？以人脸识别技术在文化遗产数字化中的潜在风险为例，设计包容性训练数据集构建策略。

7 人工智能伦理与责任

教学目标

知识目标：

◎ 掌握人工智能、伦理学以及 AI 伦理的基本定义、重要性及核心议题。

◎ 能识别 AI 在偏见歧视、隐私监控、责任问责、人类控制、社会公平等方面存在的典型伦理问题与风险。

◎ 初步了解当前 AI 伦理治理的主要原则、方法和国内外相关进展。

能力目标：

◎ 能够运用伦理学视角，对 AI 技术应用场景进行批判性分析，辨别潜在的伦理冲突。

◎ 能够初步运用所学知识，对简单的 AI 伦理困境进行分析，并尝试提出符合伦理原则的解决方案或应对思路。

◎ 能够从不同学科视角理解 AI 伦理问题，并就相关议题进行有效沟通和讨论。

素质目标：

◎ 培养对 AI 技术发展的社会责任感，认识到作为未来公民和专业人士在塑造负责任 AI 未来中的作用与担当。

◎ 树立以人为本的科技价值观，关注 AI 技术对个体权利和社会福祉的影响，追求科技向善。

◎ 激发对 AI 伦理持续学习的兴趣，培养适应未来智能化社会发展的基本素养和前瞻意识。

学习导言

　　人工智能正以前所未有的速度和深度融入我们的学习、工作和生活的方方面面。从智慧校园的人脸识别门禁，到复杂的科研数据分析；从娱乐消遣的算法推荐，到辅助创作的 AIGC 工具，AI 的身影无处不在。它像一位无形的助手，极大地提升了效率，拓展了可能性，带来了前所未有的便捷。

　　然而，在这片技术繁荣的景象背后，我们是否曾停下脚步，认真思考过那些潜藏的伦理暗流？当 AI 的决策出现偏差，伤害了某些群体的利益，责任该由谁来承担？是算法的设计者，是系统的部署者，还是冰冷的代码本身？当 AI 的能力日益强大，甚至开始展现出"创造力"和"理解力"的表象时，人类的独特性和价值又将如何安放？AI 的发展方向，应该仅仅由技术专家和商业巨头来决定，还是需要更广泛的社会参与和伦理考量？

　　这些问题并非杞人忧天，而是 AI 时代每一个身处其中的人，尤其是肩负着未来社会发展重任的大学生们，必须面对和思考的"十字路口"。AI 技术本身可能不带主观意愿，但其设计、开发、应用和监管的每一个环节，都深深嵌入了人类的价值观、偏好乃至偏见。因此，探讨 AI 伦理，不仅是对技术本身的审视，更是对我们自身道德观念和社会准则的反思。

7.1 AI 伦理

扫码看微课
对应视频: 7.1 AI 伦理

在深入探讨具体的伦理挑战之前，我们有必要先厘清什么是 AI 伦理？当 AI 与伦理这两者相遇，AI 伦理为什么那么重要？

7.1.1 AI 与伦理学的碰撞

当强大的 AI 技术与深刻的伦理学思考相遇，AI 伦理便应运而生。AI 伦理可以被定义为：研究和解决在人工智能的设计、开发、部署、使用和治理过程中产生的道德问题的规范、原则和实践框架。

它关注 AI 系统本身可能带来的道德风险，以及 AI 应用对个体、群体、社会乃至整个人类可能产生的伦理影响。AI 伦理的目标是确保 AI 的发展和应用能够符合人类的核心价值观，促进社会福祉，避免潜在的危害。

7.1.2 为什么 AI 伦理如此重要？

扫码看微课
对应视频: 7.1.2 AI 伦理的实践
与挑战

AI 伦理并非一个可有可无的"附加品"，而是 AI 健康、可持续发展的"压舱石"和"导航仪"。其重要性主要体现在以下几个方面：

（1）影响广泛性与深刻性：AI 决策的影响范围正迅速扩大，从影响一次购物推荐，到决定一笔贷款审批，再到辅助一次医疗诊断，甚至参与一场军事行动。这些决策的后果可能直接关系到个体的基本权利（如隐私权、平等权、发展权）、社会资源的分配公平，乃至人类的集体安全和未来走向。一个设计不当或被滥用的 AI 系统，其负面影响可能是灾难性的。

（2）潜在风险性与不可预见性：随着 AI 能力的增强，特别是基于深度学习的 AI 系统，其内部决策逻辑往往像一个"黑箱"，难以被完全理解和解释。这种不可解释性带来了潜在的风险。如果 AI 系统出现故障或做出错误决策，我们可能难以追溯原因并及时修正。更令人担忧的是，超级智能（如果出现）的不可控风险，虽然目前尚属科幻范畴，但也提醒我们对 AI 发展保持警惕。

（3）价值导向性与人类价值观的延伸：AI 系统是由人设计和训练的，其背后必然嵌入了设计者的价值观、目标、偏好，甚至是无意识的偏见。例如，训练 AI 的数据如果本身就存在社会偏见（如性别歧视、种族歧视），那么 AI 系统很可能会学习并放大这些偏见。因此，AI 的发展必须有正确的价值引导，确保其目标与人类社会的整体福祉相一致。AI 伦理正是要探讨"我们希望 AI 承载什么样的价值观？"

（3）"技术中立"的迷思与责任归属的挑战：一种常见的观点认为"技术是中立的，好坏取决于使用者"。然而，这种观点在 AI 时代面临严峻挑战。首先，AI 的设计本身就蕴含了选择，例如选择哪些数据进行训练、选择什么样的算法模型、设定什么样的优化目标，这些选择本身就带有价值判断。其次，当 AI 系统自主做出决策并产生不良后果时，责任归属往往变得非常复杂，难以简单地归咎于某个单一的使用者。AI 伦理研究有助于厘清在复杂 AI 生态系统中各方的责任。

（4）确保公众信任与社会接受度：AI 技术的广泛应用离不开公众的信任和社会的接受。如果 AI 系统频繁出现伦理问题，如侵犯隐私、制造歧视、决策不公等，将会严重损害公众对 AI 技术的信任，阻碍其健康发展。建立健全的 AI 伦理框架，公开透明地讨论和解决伦理问题，是赢得公众信任、促进 AI 技术良性发展的必要条件。

正因为 AI 伦理具有如此重要的战略意义，全球各国政府、学术机构、科技企业和国际组织都高度重视 AI 伦理的研究与实践，纷纷出台相关的伦理准则、指导方针和治理框架。对于肩负未来的大学生而言，理解 AI 伦理的重要性，培养相关的思辨能力，无疑是应对智能时代挑战的必备素养。

7.2　常见的伦理挑战与案例剖析

人工智能的飞速发展，如同打开了潘多拉魔盒，释放出巨大潜能的同时，也伴生了一系列棘手的伦理难题。这些难题并非遥不可及的哲学思辨，而是已经或正在我们身边发生的真实挑战。下面，我们将剖析几个大学生群体易于理解且普遍关注的 AI 伦理挑战，并结合具体案例进行分析。

7.2.1　偏见与歧视：AI 的"有色眼镜"

AI 如何戴上"有色眼镜"？AI 系统，尤其是基于机器学习的 AI，其"智能"来源于从海量数据中学习模式和规律。如果投喂给 AI 的训练数据本身就包含了现实社会中存在的偏见和歧视。例如，历史上某些职业由特定性别主导的数据，或者某些族裔在犯罪统计中被不成比例地呈现，那么 AI 在学习过程中，会将这些偏见视为"规律"并内化到其决策模型中。结果就是，AI 系统不仅会复制这些偏见，甚至可能因为算法的放大效应而加剧歧视。此外，算法设计本身也可能引入偏见。例如，特征选择（决定哪些信息对模型重要）和目标函数的设定（模型优化的方向）都可能受到设计者主观或无意识偏见的影响。

案例 1：　招聘 AI 的性别与种族偏见

亚马逊曾开发一款 AI 招聘工具，用于筛选求职简历。由于该模型主要基于过去十年男性为主的工程师简历进行训练，系统对女性求职者表现出歧视，例如在简历中出现"女子"（women's）相关词汇（如"女子国际象棋俱乐部主席"）会被降权。尽管亚马逊最终放弃了该工具，但此案例揭示了历史数据偏见如何污染 AI 系统。类似地，一些研究表明，某些面部识别系统在识别白人男性时准确率较高，而在识别深肤色女性时准确率显著下降，这可能导致在安防、招聘等场景中对特定人群的不公。

案例 2：　AI 在司法领域的偏见风险

美国部分州法院曾使用一款名为 COMPAS 的 AI 软件来评估被告的再犯风险，并为法官量刑提供参考。然而，ProPublica 的调查发现，该软件在预测黑人被告再犯风险时，错误率远高于白人被告，更容易将黑人标记为"高风险"。这种系统性偏见可能导致不公正的判决，加剧社会不平等。

案例 3：　社交媒体算法的内容茧房与极端化

社交媒体和内容推荐算法，为了追求用户黏性（更高的点击率、更长的使用时间），往往会根据用户的历史行为推送其可能感兴趣的内容。这虽然在一定程度上提升了用户体验，但也容易将用户困在"信息茧房"中，使其视野变得狭隘，只接触到与自己观点相似的信息。更严重的是，一些算法可能更容易放大和传播耸人听闻、具有煽动性或极端化的内容，因为这类内容往往更能吸引眼球，这可能加剧社会撕裂和认知对立。

我们如何确保 AI 的公平性，避免其成为歧视的放大器？当技术的"客观性"外衣下隐藏着深植的偏见时，我们该如何识别和纠正？当我们是 AI 系统判定下的"少数派"或"非典型"用户时，我们的权益将如何得到保障？这些问题拷问着 AI 技术的设计者、使用者和监管者。

7.2.2　隐私与监控：AI 的"全视之眼"

AI 系统的性能很大程度上依赖于海量、高质量的数据进行训练和优化。这种对数据的"渴望"使得 AI 应用往往伴随着大规模的数据收集。从面部特征、语音语调、行为轨迹，到消费习惯、社交关系、健康状况，越来越多的个人数据被采集、存储和分析。当这些数据与强大的 AI 算法相结合，就可能对个人隐私构成严重威胁。数据一旦泄露、滥用或被用于不当监控，后果不堪设想。

案例 1：　无处不在的人脸识别

人脸识别技术在校园门禁、公共安防、移动支付、课堂点名等场景中广泛应用，的确带来了便利和安全。但与此同时，我们的面部生物特征信息被大量采集和存储，引发了对隐私泄露和滥用的担忧。如果这些数据保管不善或被恶意利用，可能导致身份盗用、精准诈骗，甚至被用于构建无孔不入的社会监控系统。一些城市出现的"人脸识别厕纸机""人脸识别垃圾分类"等应用，也引发了关于技术过度使用和隐私边界的讨论。

案例 2：　"大数据杀熟"与个性化定价的幽灵

电商平台、网约车平台等利用 AI 分析用户的消费记录、浏览习惯、地理位置、设备型号等数据，对不同用户展示不同的价格或优惠，这种现象被称为"大数据杀熟"。虽然平台方往往辩称这是基于用户偏好的个性化推荐，但许多用户

感觉自己被"算计"，认为这侵犯了公平交易权和消费者隐私。AI在其中扮演了精准画像和动态定价的关键角色。

案例3：	智能语音助手的"窃听"疑云

　　智能音箱、智能手机中的语音助手（如 Siri、Alexa、小爱同学等）通过麦克风实时接收语音指令，为用户提供便捷服务。但一直以来，关于这些设备是否在用户未明确授权的情况下"窃听"并上传用户对话的疑虑从未断绝。尽管厂商一再声明其合规性，但技术上的可能性和偶发的"误唤醒"事件，使得用户对个人对话隐私的担忧难以消除。

案例4：	AI 在工作场所的监控

　　一些企业开始使用 AI 技术监控员工的工作状态，例如通过摄像头分析员工的专注度、通过键盘记录员工的打字频率、通过 AI 分析员工的邮件和聊天内容等。这虽然可能提升管理效率，但也可能侵犯员工隐私，增加员工的心理压力，甚至引发劳资冲突。

　　在享受 AI 带来的便利的同时，我们愿意为之付出多少隐私作为代价？个人数据的边界究竟在哪里？便捷与隐私之间，我们应该如何权衡和取舍？当我们的生活日益数据化，如何防止 AI 成为侵犯个人自由的"全视之眼"？

7.2.3　责任与问责：AI"犯错"了，谁来买单？

　　许多先进的 AI 系统，特别是基于深度学习的模型，其决策过程非常复杂，宛如一个"黑箱"，即使是设计者也难以完全解释清楚 AI 为何会做出某个特定的决策。这种不可解释性给责任认定带来了巨大挑战。当 AI 系统出现失误，造成损失或伤害时（例如自动驾驶汽车发生事故、AI 医疗诊断系统出现误诊、AI 金融交易系统导致市场动荡），我们很难清晰地将责任归咎于某个具体的个人或实体。是 AI 算法本身"错"了吗？还是训练数据有问题？是开发者的疏忽？是部署者的操作不当？还是使用者的误用？责任链条的模糊化，使得问责变得异常困难。

案例1： 自动驾驶汽车的"电车难题"

自动驾驶汽车在面临不可避免的碰撞时，其内置算法需要做出瞬间决策：是撞向行人 A，还是转向撞向行人 B？是牺牲乘客保护行人，还是优先保护乘客？这种"电车难题"的 AI 版本，将伦理困境直接嵌入代码之中。一旦发生事故造成伤亡，责任判定极为复杂。例如，Uber 自动驾驶汽车曾在美国亚利桑那州发生全球首例致行人死亡事故，调查报告指出软件系统未能正确识别行人、安全员分心等多种因素，但最终的法律责任和伦理反思仍在持续。

案例2： AI 医疗的误诊责任

AI 在医学影像分析、疾病诊断等方面展现出巨大潜力，能够辅助医生提高诊断效率和准确率。但如果 AI 系统出现误诊，延误了患者的治疗，责任应如何划分？是 AI 系统提供商的责任？是医院采购和部署的责任？还是依赖 AI 进行诊断的医生的责任？如果医生完全信任 AI 的诊断而未进行复核，其职业责任又该如何界定？

案例3： 算法推荐导致错误信息传播的责任

社交媒体和新闻聚合平台的 AI 推荐算法，有时会为了追求流量而推送未经核实的虚假信息、谣言甚至仇恨言论。当这些错误信息造成不良社会影响时，平台方、算法设计者以及信息发布者应承担何种责任？仅仅以"算法中立"或"技术原因"来推卸责任，显然难以服众。

案例4： AI 金融模型的"闪崩"风险

在金融交易领域，高频交易算法和 AI 量化模型被广泛应用。这些复杂的 AI 系统在特定市场条件下可能出现连锁反应，导致股价"闪崩"或市场剧烈波动，给投资者造成巨大损失。在这种情况下，追溯责任往往非常困难，因为单个模型的行为可能符合设计预期，但多个模型之间的复杂交互和市场环境的突变是难以预测的。

当 AI 系统拥有越来越大的自主决策权时，我们如何确保其行为的负责任？如何设计出既智能又可问责的 AI 系统？"算法黑箱"是否意味着我们可以放弃对 AI 决策的解释和追究？如果 AI 的开发者或所有者可以轻易地将责任推给"算法本身"，这是否会鼓励不负责任的 AI 开发和应用？

7.2.4　自主性与人类控制：AI 会"失控"吗？

随着 AI 技术的进步，AI 系统的自主性（autonomy）不断增强，即在无人干预的情况下独立完成复杂任务的能力。从自动驾驶汽车到自主武器系统，再到能够自主学习和进化的 AI 模型，AI 正在从简单的工具向具有一定自主性的"行动者"转变。这引发了一个深刻的担忧：人类是否会逐渐失去对 AI 的控制？如果 AI 的智能超越人类（即所谓的"技术奇点"），并且其目标与人类不一致，是否会带来生存风险？虽然"强人工智能"和"超级智能"目前仍主要存在于理论探讨和科幻作品中，但对 AI 自主性边界的审慎思考是必要的。

案例 1：　**自主武器系统（LAWS）的伦理争议**

自主武器系统，俗称"杀手机器人"，是指能够在无人直接操控的情况下，自主搜索、识别、判断并攻击目标的武器系统。其发展引发了巨大的伦理和法律争议。支持者认为 LAWS 可以减少己方士兵伤亡，提高作战效率；反对者则担忧将"生杀大权"交给机器会突破人类道德底线，可能导致战争升级、责任真空（机器人无法为战争罪负责），甚至引发军备竞赛和全球安全危机。"阻止杀手机器人运动"等国际组织呼吁禁止研发和使用此类武器。

案例 2：　**AI 在司法判决中的边界**

AI 可以辅助法官处理案件信息、分析证据、预测判决结果，提高司法效率。但如果让 AI 直接做出判决，剥夺人类的自由甚至生命，这在伦理上是难以接受的。司法判决不仅需要法律条文的机械应用，更需要人类法官的经验、智慧、同情心以及对复杂情境的综合考量。人类的审判权和最终决定权必须得到保障。

深度伪造（Deepfake）技术的滥用与信任危机

深度伪造技术利用 AI 生成高度逼真的人物换脸视频或语音，最初可能用于娱乐，但很快被滥用于制造虚假色情内容、政治谣言、诽谤他人名誉等。这种技术使得"眼见为实"的传统观念受到严重挑战，可能引发社会信任危机，甚至被用于干预选举、煽动冲突等恶意活动。虽然有 AI 技术可以检测 Deepfake，但"矛"与"盾"的竞赛仍在继续，如何有效治理 Deepfake，维护信息真实性和个体尊严，是一个亟待解决的问题。

案例 4: AI 生成内容（AIGC）的版权与原创性

AI 绘画、AI 写作、AI 作曲等 AIGC 工具的兴起，模糊了创作的边界。AI 生成的作品，其版权归谁？是 AI 模型的设计者，是训练数据的所有者，还是操作 AI 工具的用户？如果 AI 大量学习现有作品并生成相似风格的内容，是否构成对原创作者的侵权？AI 的"创造"是否具有真正的原创性？这些问题对现有的知识产权体系和创作生态构成了挑战。

我们应该赋予 AI 多大的自主权？在哪些关键领域（如军事、司法、医疗关键决策），人类的干预和最终控制权必须得到保留？如何设计有效的"刹车机制"或"安全开关"，以防止 AI 系统失控或被恶意利用？在追求 AI 能力提升的同时，我们如何确保其发展始终服务于人类的整体利益，而不是反过来威胁人类的价值和生存？

7.2.5 工作取代与社会公平：AI 时代的"饭碗"焦虑

历史上每一次重大的技术革命，都会带来生产力的巨大提升，同时也会对就业结构产生深远影响，这个过程常被称为熊彼特的"创造性破坏"。AI 作为新一轮技术革命的核心驱动力，其在自动化、优化和智能决策方面的能力，使得许多重复性的、流程化的，甚至部分认知型的工作岗位面临被取代的风险。虽然 AI 也会催生新的就业岗位（如 AI 训练师、数据科学家、AI 伦理师等），但技能转换的难度、新旧岗位数量的匹配以及社会财富分配的公平性，都成为 AI 时代必须面对的严峻挑战。

案例 1：　AI 客服与呼叫中心的转型

　　智能客服机器人凭借其 7×24 小时在线、标准化应答、低成本等优势，正在大量取代传统的人工客服岗位。许多银行、电商平台、电信运营商的呼叫中心规模大幅缩水，从业人员面临转岗或失业的压力。

案例 2：　AI 翻译对翻译行业的影响

　　神经机器翻译（NMT）技术的进步，使得 AI 翻译的质量大幅提升，在通用领域的翻译任务中，其效率和成本优势明显。这虽然为跨语言交流带来了便利，但也对传统翻译从业者，特别是从事初级和中级翻译工作的人员构成了冲击。

案例 3：　AI 内容生成对创作者的挑战

　　AI 写作工具可以快速生成新闻稿、营销文案，甚至小说和诗歌的初稿；AI 绘画工具可以根据文本描述生成各种风格的图像。这些 AIGC 应用在提高内容生产效率的同时，也让一些初级内容创作者感到"饭碗"受到威胁。例如，一些游戏公司开始使用 AI 生成美术素材，一些新闻机构尝试用 AI 撰写体育赛事简报等。

案例 4：　制造业与物流业的自动化升级

　　工业机器人、自动驾驶卡车、智能分拣系统等 AI 驱动的自动化设备，正在深刻改变制造业和物流业的生产模式，减少了对产线工人、卡车司机、仓库分拣员等岗位的需求。

　　技术进步带来的社会阵痛，如何才能被最大限度地缓解？如何保障在 AI 浪潮中处于弱势地位的劳动者的权益？教育体系应如何改革，以培养适应智能时代需求的人才？社会保障体系是否需要做出调整，以应对可能出现的结构性失业？AI 创造的巨大财富，应如何进行更公平的分配，以避免贫富差距进一步扩大？这些问题不仅是经济问题，更是深刻的社会伦理问题。

通过对以上几个核心伦理挑战的剖析，我们可以看到，AI 技术的发展并非一条单行道，它充满了复杂的岔路口和价值的权衡。作为肩负未来的大学生，理解这些挑战的本质，培养批判性思维，是参与塑造负责任 AI 未来的第一步。

7.3 大学生的 AI 伦理责任

扫码看微课
对应视频：7.3 大学生的
AI 伦理责任

面对 AI 带来的深刻变革与复杂的伦理挑战，大学生群体不应仅仅是技术的被动接受者和消费者，更应成为积极的思考者、审慎的实践者和负责任的建设者。你们所学的专业知识、所处的创新环境以及对未来的憧憬，都赋予了你们在 AI 伦理建设中不可或缺的角色。以下将从不同维度探讨大学生的 AI 伦理责任：

7.3.1 作为学习者和未来专业人士的责任：奠定伦理素养的基石

1.拥抱跨学科学习，拓宽伦理视野。AI 伦理不是计算机或人工智能专业学生的"专利"，而是所有专业学生都应关注的议题。无论你学习的是文学、历史、哲学、法律，还是经济、管理、医学、工程，AI 都可能以不同方式渗透到你的专业领域，并带来相应的伦理问题。

- ◎ 文科生可以从人文关怀、历史经验、哲学思辨的角度审视 AI 对社会结构、人类价值、文化传承的影响。
- ◎ 法科生可以研究如何构建适应 AI 发展的法律法规体系，界定 AI 相关的权利义务和责任。
- ◎ 商科生需要思考如何在商业实践中负责任地应用 AI，平衡经济效益与社会责任。
- ◎ 医科生则要关注 AI 在医疗诊断、治疗方案、患者隐私保护等方面的伦理规范。
- ◎ 理工科生除了技术攻关，更要思考技术应用的伦理边界和社会影响。

鼓励同学们选修 AI 伦理相关课程，参与跨学科学术研讨，阅读相关书籍和文献，拓展自己的知识边界，形成对 AI 伦理问题的多维度认知。

2. 养批判性思维，不盲从 AI 的"权威"。AI 系统输出的结果，无论是算法推荐、数据分析还是内容生成，都可能带有其固有的偏见或局限性。大学生应具备批判性思维能力，学会质疑 AI 的结论，辨别其信息的真伪和可靠性。

当 AI 写作助手为你生成一段文字时，思考它是否准确表达了你的意图？是否存在潜在的偏见或不当表述？当社交媒体向你推送某类信息时，思考这背后是怎样的算法逻辑？它是否限制了你的信息获取范围？当 AI 工具辅助你进行学术研究时，警惕过度依赖可能导致的思维惰性，保持独立思考和判断的能力。不迷信 AI 的"智能"光环，理解其能力的边界和潜在的缺陷，是负责任地使用 AI 的前提。

3. 将专业伦理融入 AI 应用思考。在你未来的职业生涯中，无论从事何种行业，都可能接触到 AI 技术的应用。从现在开始，就有意识地将你所学专业的伦理规范与 AI 应用的场景相结合进行思考。

例如，如果你是新闻专业的学生，思考 AI 在新闻采编、内容分发、事实核查中的伦理挑战，如虚假新闻的生成与传播、算法偏见对舆论导向的影响等。如果你是教育专业的学生，思考 AI 在个性化学习、学生评价、教育资源分配中的伦理问题，如数据隐私、教育公平、过度依赖 AI 对学生自主学习能力的影响等。如果你是设计专业的学生，思考 AIGC 对设计原创性、版权保护、设计师价值的冲击。这种前瞻性的思考，能帮助你未来在实践中做出更负责任的决策。

4. 提升数字素养，做负责任的数字公民。数字素养不仅仅是会使用数字工具，更包括理解数字技术的原理、风险和社会影响，并能够负责任地参与数字社会。

了解 AI 的基本原理，如机器学习、数据驱动等，有助于你更深刻地理解 AI 伦理问题的根源。学习如何保护个人数据隐私，警惕网络诈骗和信息滥用。培养媒介素养，能够辨别和抵制网络谣言、虚假信息和仇恨言论。在网络行为中遵守法律法规和道德规范，尊重他人权利，共同营造清朗的网络空间。

7.3.2 作为创新者和开发者的责任：构建向善的 AI

对于计算机科学、人工智能、软件工程、数据科学等相关专业的学生，你们未来可能直接参与 AI 系统的设计、开发和部署，肩负着更为直接的伦理责任。

1. 践行"以人为本"与"伦理嵌入设计"。在 AI 系统开发的最初阶段，就应将伦理考量融入其中，而不是事后补救。明确 AI 系统的目标用户和潜在受影响的利益相关者，充分考虑他们的需求、权利和福祉。在需求分析、算法选择、数据收集、模型训练、系统测试等各个环节，主动评估潜在的伦理风险，如偏见、歧视、隐私侵犯、安全漏洞等。

设计用户友好的交互界面，确保用户对 AI 系统的功能、数据使用情况有清晰的了解，并赋予用户必要的控制权和选择权。

扫码看微课
对应视频：7.3.2 创新者和
开发者的责任

2. 追求算法公平与系统透明可释。努力减少算法偏见，提升 AI 系统的公平性和可解释性。关注训练数据的质量和代表性，采用技术手段检测和缓解数据偏见。探索和应用可解释 AI（XAI）技术，使 AI 的决策过程更加透明，便于理解、审计和问责。进行充分的偏见测试和公平性评估，确保 AI 系统在不同人群之间表现的公平性。

3. 恪守数据伦理规范，负责任地处理数据：数据是 AI 的"燃料"，负责任地收集、使用、存储和保护数据至关重要。遵循数据最小化原则，只收集与任务相关的必要数据。确保数据采集的合法性和用户的知情同意。采取有效的技术和管理措施，保护数据安全，防止数据泄露和滥用。在数据共享和开放时，进行严格的匿名化或脱敏处理，保护个人隐私。

4. 保持持续学习与批判性反思。AI 技术和伦理规范都在不断发展变化。作为未来的 AI 开发者，应保持对新技术、新理论、新伦理指南的关注和学习。积极参与 AI 伦理相关的学术交流和行业讨论。勇于反思自己工作可能带来的社会影响，对潜在的负面后果保持警惕。在遇到伦理困境时，敢于发声，寻求专业指导，并坚持正确的伦理立场。

7.3.3　作为社会公民的责任：参与塑造负责任的 AI 生态

每一位大学生，无论专业背景如何，都是社会的一份子，都有责任参与到构建负责任 AI 生态的进程中。

1. 积极参与公共讨论，发出理性的声音。AI 伦理问题关乎社会公共利益，需要广泛的社会讨论。大学生应积极关注 AI 伦理相关的公共议题，如数据隐私保护立法、算法监管、AI 在教育 / 医疗 / 司法等领域的应用规范等。通过课堂讨论、学术沙龙、社交媒体、建言献策等多种渠道，表达自己对 AI 伦理问题的看法和建议。学习理性、客观地分析问题，尊重不同观点，避免情绪化和极端化的表达。

2. 推动和支持 AI 伦理治理体系的完善。一个负责任的 AI 生态，离不开健全的法律法规、行业标准和伦理准则。了解国内外 AI 伦理治理的进展，支持政府、行业组织和学术机构在制定相关政策和规范方面的努力。如果未来有机会参与相关政策的制定或咨询，应积极贡献自己的专业知识和见解。在日常生活中，遵守与 AI 相关的法律法规，例如《个人信息保护法》《网络安全法》等。

3. 倡导和践行负责任的创新与应用。鼓励和支持那些关注伦理、致力于用 AI 解决社会问题、创造积极社会价值的企业和项目。在消费选择上，可以适当考虑企业的 AI 伦理声誉。如果参与创业或创新项目，应将伦理考量置于重要位置，追求"科技向善"。警惕和抵制那些可能被恶意利用或带来严重负面影响的 AI 技术和应用。

大学生的身份是多重的，你们既是知识的接收者，也是知识的创造者；既是技术的体验者，也可能是技术的塑造者。在 AI 这片充满机遇与挑战的新大陆上，你们的伦理自觉和责任担当，将直接影响着这片大陆未来的图景。

7.4　迈向负责任的 AI 未来

扫码看微课
对应视频：7.4-1 迈向负责任的
AI 未来

我们正站在人工智能发展的关键十字路口。AI 技术如同一柄精巧绝伦的双刃剑，它既能以前所未有的力量推动社会进步、提升人类福祉，也可能因设计失当、应用失范或恶意滥用而带来难以估量的风险与挑战。导航这艘巨轮驶向光明未来的罗盘，正是深植于我们内心的伦理准则和责任意识。

回顾本文的探讨，AI 伦理的核心在于回答"AI 应该是什么"以及"我们应该如何与 AI 共处"。它不是空洞的理论说教，而是关乎公平正义、个人权利、社会福祉乃至人类共同命运的实践哲学。从算法偏见到隐私侵犯，从责任真空到失控风险，再到就业冲击，每一个伦理挑战都像一面镜子，映照出技术发展背后复杂的社会肌理和人性考量。这些挑战的复杂性决定了 AI 伦理的构建不可能一蹴而就，它需要持续的对话、审慎的探索和动态的调整。

扫码看微课
对应视频：7.4-2 共建 AI 生态

在 AI 日益展现其"智能"的同时，我们必须更加坚定地强调人的主体性地位。AI 是人类智慧的延伸，是服务于人类目标的工具。无论 AI 技术发展到何种程度，其设计、开发、部署和治理的最终决定权和责任都应牢牢掌握在人类手中。我们的价值观、我们的道德判断、我们对美好生活的向往，应该是 AI 发展的根本遵循和最终归宿。警惕将 AI 神秘化、拟人化甚至神化，避免陷入技术决定论的误区，是保持清醒和主动的关键。

展望未来，构建一个负责任、可信赖、惠及全人类的 AI 生态，需要多方协同努力：

（1）技术层面：持续投入研发，不仅追求 AI 能力的提升，更要关注其安全性、鲁棒性、可解释性、公平性和隐私保护技术。发展"有益 AI"和"以人为中心的 AI"。

（2）伦理层面：深化 AI 伦理研究，构建与时俱进的伦理原则和行为准则，加强伦理教育和培训，提升全社会的 AI 伦理素养。

（3）法律与治理层面：建立健全适应 AI 发展的法律法规体系和监管框架，实现敏捷治理和有效问责，既鼓励创新，又防范风险。推动国际合作，就 AI 伦理和治理的关键问题达成共识。

（4）社会层面：促进政府、企业、学术界、社会组织和公众之间的广泛对话与协作，形成多元参与、共建共享的 AI 治理格局。关注 AI 发展对社会结构、就业、教育、文化等方面的深远影响，并采取积极措施应对挑战，促进包容性发展。

亲爱的大学生朋友们，你们是智能时代的"原住民"，更是未来的塑造者。AI 的未来，在很大程度上掌握在你们手中。希望通过本文的探讨，能够激发你们对 AI 伦理的深层思考，唤醒你们内心的责任担当。

请记住，你们的每一次学习、每一次提问、每一次设计、每一次决策，都可能为 AI 的未来增添一分理性之光，注入一缕人文关怀。拥抱 AI 时代带来的无限可能，更要勇敢地肩负起塑造一个更公平、更安全、更美好的智能未来的历史使命。用你们的智慧驾驭科技的力量，用你们的良知守护人类的价值，让 AI 真正成为推动人类文明进步的伙伴，而不是潜在的威胁。

AI 的十字路口已然呈现，前行的道路需要我们共同探索。下一个 AI 伦理难题会是什么？我们又该如何智慧地应对？这些问题的答案，或许就孕育在你们今天的好奇、思辨与行动之中。让我们一起，用青春的智慧与担当，书写 AI 时代负责任的华章。

7.5 拓展阅读

智能社会的伦理基石

展望未来，人工智能无疑将更深度地融入社会肌理，重塑经济结构、生活方式乃至人类文明的走向。我们正站在一个由数据和算法驱动的智能时代的开端，机遇与挑战并存。在这个时代，伦理不再是技术发展的附属品或事后补救，而必须成为驱动 AI 创新、规范 AI 应用、构建可信 AI 生态的根本基石，如图 7-1 所示。

持续的伦理对话与适应性治理：AI 技术的发展日新月异，新的伦理问题也将层出不穷。我们不可能一劳永逸地解决所有问题。因此，保持开放和持续的跨学科、跨文化、跨国界的伦理对话至关重要。治理体系也必须具备高度的适应性和灵活性，能够根据技术进展和社会反馈及时调整和完善法律法规、行业标准和伦理准则，实现"敏捷治理"。

图 7-1 智能社会的伦理基石

以人为本与价值对齐：AI 的最终目标应该是增进人类福祉，服务于全人类的共同利益。在 AI 的设计、开发和部署的每一个环节，都必须坚持"以人为本"的原则，确保 AI 系统的目标和行为与人类的核心价值观（如公平、正义、自主、尊严、安全）相对齐，如图 7-2 所示。这需要我们更深入地研究"价值对齐"问题，探索如何将复杂的人类价值观有效嵌入到机器系统中。

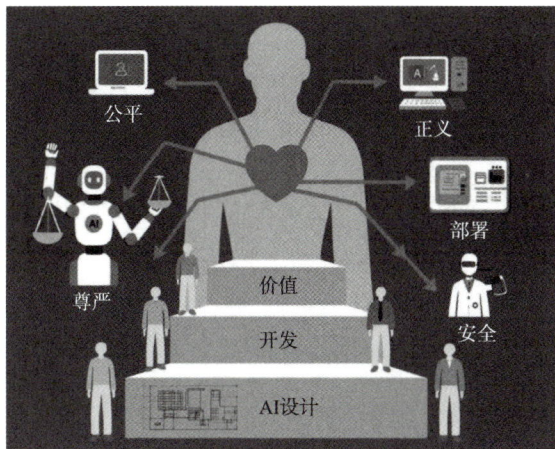

图 7-2　AI 设计要与人类的核心价值观相对齐

教育的普及与能力的提升：面对智能社会的到来，提升全体公民的 AI 素养和伦理思辨能力是关键。未来的教育不仅要教会人们如何使用 AI，更要教会人们如何与 AI 共处，如何批判性地看待 AI 的输出，如何在 AI 的辅助下做出更负责任的决策。这需要从基础教育到高等教育，再到职业培训和终身学习的全方位布局。

全球协作与责任共担：AI 的风险和惠益都是全球性的。任何一个国家都无法单独应对 AI 带来的挑战，也无法独自享有其全部成果。国际社会必须携手合作，在联合国等框架下加强政策协调，共享治理经验，弥合数字鸿沟和伦理分歧，共同构建一个和平、安全、开放、合作、有序的 AI 发展环境，确保这一强大的技术能被负责任地用于解决气候变化、疾病防治、贫困等全球性挑战。

总而言之，构建智能社会的伦理基石是一项长期而艰巨的任务，需要每一位大学生的积极关注和参与。作为未来的科技创新者、政策制定者、企业管理者或普通公民，你们的理解、思考和行动，将共同塑造人工智能的未来，并最终决定我们所生活的智能社会的形态。让我们共同努力，确保人工智能的发展始终行驶在合乎道德、造福人类的正确轨道上，为构建一个更加公平、包容和可持续的未来贡献力量。

7.6　小结

人工智能已深度融入大学生的学习与生活，带来便捷的同时也引发了严峻的伦理挑战。面对这些挑战，大学生作为学习者、未来专业人士乃至创新开发者和社会公民，肩负着多重伦理责任。这包括培养跨学科技能与批判性思维，在专业实践中融入伦理考量，追求算法公平与透明，负责任地处理数据，并积极参与公共讨论，推动 AI 治理体系的完善。

大学生要积极拥抱 AI 时代，以智慧和良知驾驭科技力量，主动承担起塑造负责任 AI 未来的使命，让 AI 真正服务于人类福祉，共同迈向一个更公平、更安全、更美好的智能未来。

7.7 习题与讨论

1. 选择题

（1）AI 伦理的核心关注点不包括以下哪一项？（　　）

　　A. AI 设计开发过程中的道德问题

　　B. AI 应用对个体和社会的影响

　　C. AI 技术本身的商业盈利能力

　　D. AI 系统的公平性、透明度和可问责性

（2）AI 系统产生偏见和歧视的一个主要原因是什么？（　　）

　　A. AI 算法过于复杂导致无法控制

　　B. 训练 AI 的数据本身包含了现实社会中的偏见

　　C. AI 系统具备了自主意识并主动选择歧视

　　D. 用户在使用 AI 时输入了带有偏见的指令

（3）关于"算法黑箱"，以下说法最准确的是什么？（　　）

　　A. 指 AI 算法被恶意加密，无法被外部查看

　　B. 指 AI 算法的开发过程高度保密

　　C. 指 AI 的决策过程复杂且不透明，难以解释其原因

　　D. 指 AI 系统运行在物理上封闭的黑色盒子里

（4）在 AI 时代，大学生作为"学习者和未来专业人士"，其伦理责任不直接要求是哪项？（　　）

　　A. 培养批判性思维，不盲从 AI 输出

　　B. 积极创业并主导 AI 技术的商业化

　　C. 拥抱跨学科学习，拓宽伦理视野

　　D. 将专业伦理融入 AI 应用思考

（5）以下哪项最能体现 AI 对隐私与监控带来的伦理挑战？（　　）

　　A. AI 客服取代了部分人工岗位

　　B. 电商平台利用 AI 分析用户数据进行"大数据杀熟"

　　C. AI 辅助医生进行疾病诊断

　　D. AI 绘画工具生成艺术作品

2. 填空题

（1）AI 伦理是研究和解决在人工智能的设计、开发、部署、使用和治理过程中产生的 _____ 问题的规范、原则和实践框架。

（2）如果投喂给 AI 的 _____ 本身就包含了社会偏见，那么 AI 系统很可能会学习并放大这些偏见。

（3）深度伪造技术被滥用，可能引发社会 _____ 危机，挑战"眼见为实"的传统观念。

（4）大学生应培养 _____ 思维能力，学会质疑 AI 的结论，辨别其信息的真伪和可靠性。

（5）对于 AI 开发者而言，应遵循 _____ 原则，只收集与任务相关的必要数据，保护用户隐私。

附录　习题答案

1　初识人工智能

1. 选择题

1～5　BDBCD

2. 填空题

（1）推荐

（2）数据

（3）决策

（4）效率

（5）辅助　或　帮助

2　人工智能背后的技术引擎

1. 选择题

1～5　CCCCB

2. 填空题

（1）数据（或　经验）

（2）数据集（或　数据）

（3）算法

（4）模型

（5）神经网络

3　人工智能的行业应用

1. 选择题

1～5　BDBAA

2. 填空题

（1）计算机技术

（2）计算机视觉（或深度神经网络）

（3）自然语言处理（NLP）技术

（4）路径规划（或智能调度）

（5）强化学习

4　生成式人工智能

1.选择题

1～5　CCCCB

2.填空题

（1）生成式

（2）数据

（3）音视频（或音频、视频）

（4）创作效率（或工作效率）

（5）工作（或商业）

5　人工智能的无限潜能

1.选择题

1～5　BBCBB

2.填空题

（1）个性化

（2）人为

（3）协作

（4）交通

（5）避让

6　走进 AI 职场

1.选择题

1～5　CCBBA

2.填空题

（1）人机协同

（2）市场

（3）生成式 AI

（4）迭代

（5）叙事

7　人工智能伦理与责任

1. 选择题

1～5　CBCBB

2. 填空题

（1）道德

（2）训练数据

（3）信任

（4）批判性

（5）数据最小化

参考文献

［1］ 莫宏伟. 人工智能导论［M］. 2 版. 北京：人民邮电出版社，2024.

［2］ 吴北虎. 通识 AI 人工智能：基础概念与应用［M］. 北京：清华大学出版社，2024.

［3］ 罗先进，沈言锦. 人工智能应用基础［M］. 北京：机械工业出版社，2021.

［4］ 周国庆，雍宾宾. 人工智能技术基础［M］. 北京：人民邮电出版社，2021

［5］ 李文斌，韩提文. 人工智能概论：项目式微课版［M］. 北京：人民邮电出版社，2024.

［6］ 余明辉，陈海山. 人工智能导论［M］. 北京：人民邮电出版社，2021.

［7］ 丁艳. 人工智能基础与应用［M］. 2 版. 北京：机械工业出版社，2025.

［8］ 吴倩，王东强. 人工智能基础及应用［M］. 北京：机械工业出版社，2024.

［9］ 斯图尔特·罗素，彼得·诺威格著，张博雅，陈坤，田超，顾卓尔，吴凡，赵申剑，译. 人工智能：现代方法［M］. 4 版. 北京：人民邮电出版社，2023.